本书得到国家自然科学基金项目（72293605、72293600、72074022、72204013）、中国博士后科学基金项目（2021M700314、2023T160035）和北京市教育委员会科研计划项目（SM202310005005）资助。本书也得到中国"双法"研究会能源经济与管理研究分会"国舜能源经济与管理优秀博士学位论文特别奖"的支持。

全球气候合作机制
建模方法及其应用

GLOBAL COOPERATION MECHANISMS MODELING
ON CLIMATE CHANGE AND ITS APPLICATIONS

张 坤 著

社会科学文献出版社
SOCIAL SCIENCES ACADEMIC PRESS (CHINA)

前　言

2023 年 12 月，《联合国气候变化框架公约》第二十八次缔约方大会（COP28）各缔约方代表达成"阿联酋共识"，提出"转型脱离化石燃料（Transitioning Away From Fossil Fuels）"，这在联合国气候变化大会历史上尚属首次，标志着全球应对气候变化合作取得突破性进展。地球是人类唯一的家园，稳定的气候系统作为人类赖以生存的环境，具有全球公共物品属性，供给不具有排他性和竞争性。此外，气候变化又是负外部性的典型代表。各国排放的二氧化碳在大气中具有同类属性，共同改变大气温室气体浓度，促进全球温度升高。由此可见，一国二氧化碳排放带来的气候变化影响由全球共同承担。同样，一国开展碳减排行动所带来的减缓气候变化收益也由全球共享。因此，气候变化的影响和治理均是全球性的，依靠单一国家的努力难以有效应对气候变化。并且，应对气候变化过程中的"搭便车行为"严重削弱了各国主动碳减排的积极性，这也是历届气候谈判步履维艰的根本原因。任何国家不可能独立应对气候变化的挑战，保障气候安全需要通过国际合作使各国政府、企业和消费者联合起来，采取集体行动。纵观历次联合国气候变化大会，从谈判早期的自上而下分配各国碳减排责任到《巴黎协定》确定的自下而上的自主碳减排贡献，全球气候治理在 21 世纪末期实现 2℃温控目标的夹缝中艰难前行。这也是"阿联酋共识"直面转型脱离化石燃料的重大意义所在。

第一，有效实现气候治理的关键在于，一方面促使全球各国或地区的广泛参与，另一方面是制定和实施强有力的碳减排目标。《巴黎协定》的重要意义在于实现了各个国家的广泛参与，全球大约 195 个缔约方承诺实施自主减排目标来减缓气候变化。然而历史表明美国在应对气候变化问题上反复无常。从拒绝签署《京都议定书》到退出再加入《巴黎协定》，其政治上的不确定性给全球气候治理带来极大挑战。在历次气候变化合作谈判中，如何扩大减排合作范围，促使非减排国家参与减排合作一直是最关键的议题之一。基于此，本书首先以美国为例，在统一的全局经济框架下对边境碳调整和统一关税措施在促使美国参与减排合作有效性方面开展综合比较。此外，探讨了促使美国参与减排合作的关税提高水平以及美国若采取对立的报复性关税对于全球各区域的经济影响。研究结果对于理解当前欧盟提出实施碳边境调节机制亦具有借鉴意义。

第二，开展气候合作的一个重要意义在于降低总体碳减排成本，实现更高减排目标。《巴黎协定》第六条指出一些缔约方选择在实施其国家自主贡献方面可以进行自愿合作，以便在减缓行动中实现更高的目标并促进可持续发展和环境完整性。气候变化问题的复杂性在于它既是环境问题，也是发展问题。不同国家所面临的发展阶段不一样，实施减排政策所面临的成本也各不相同。实施跨区域减排合作有助于促使减排发生在成本相对较小的区域，从而在相同的气候目标下降低总体减排成本。因此，本书紧接着聚焦促进全球气候合作的政策一致性分析。面向长期碳中和目标，在全球可计算一般均衡模型中对跨区域碳市场合作的成本有效性开展量化评估，并通过详细设计包含碳市场不合作、主要排放地区合作、碳市场完全合作等不同政策情景全面分析碳市场合作的经济社会、能源和环境影响。事实上，积极推动构建《巴黎协定》下的全球碳市场机制也是当前及未来全球气候谈判的重点。

第三，全球以何种方式开展合作亦是各缔约方争论的焦点。不同合作方式下各国的碳减排责任有所不同，相应地经济社会转型路径、能源结构调整幅度和减排成本也存在较大差异。此外，应对气候变化的最优决策涉及减排成本和避免损失之间的权衡。应对气候变化需要付出成本，同时通过减缓气候变化可以避免相应的气候损失，即为收益。因此，全球温控目标约束下的最优减排路径涉及成本和效益分析。在这方面，由 2018 年诺贝尔经济学家获得者、耶鲁大学威廉·诺德豪斯（William Nordhaus）教授建立的气候变化综合评估模型开创了新的研究范式。诺德豪斯教授将经济系统和气候系统联立起来，考虑二者的动态交互关系，并分别构建了全球气候经济动态综合模型（DICE）和区域气候经济动态综合模型（RICE），这也是后来者研究气候变化问题所认可和借鉴的模型体系。然而，DICE 和 RICE 模型简化了经济系统中的能源要素建模方式，将碳排放和经济产出直接关联，从而无法给出能源需求的具体结果。基于此，本书将能源要素引入 RICE 模型，并以中国为例，构建了 RICE-China 模型，探讨了全球各区域不同碳减排合作方式对于中国经济、能源需求和碳排放的影响，研究结果可为中国实现碳减排目标以及能源转型提供决策支撑。

最后，除了全球层面的分析解读，我国作为最大的能源消费和碳排放国家，在全球气候目标实现过程中扮演着极为重要的角色且受到其他国家的广泛关注。此外，我国作为一个幅员辽阔的发展中国家，其各种碳减排路径的实现都将是非常复杂的。各省（市、区）在经济发展水平、产业结构、资源禀赋等方面存在显著差异。因此，为了在有效实现碳减排目标的同时兼顾区域的均衡发展，需要对于各省（市、区）的排放责任分配进行审慎的确定，且同样需要探讨如何设计灵活的省级减排合作机制以提高减排的成本有效性，降低总体减排成本。基于此，本书后两章聚焦中国省际排放责任与合作减排机制分析，旨在寻求一种更为合理且有助于提高减排积极性的排放分配方案。当然，目前在我国分省（区、市）层面的分析仍重点关注各地的减排责任分担，未来应该更加聚焦我国省（区、市）间的具体减排合作方式及其影响评估。通过考察不同合作方式对于各省（区、市）的经济和能源环境影响，以期为决策者提供更具体直接的政策建议。

本书针对全球气候合作机制建模方法及其应用展开分析，全书共6章。第1章介绍了研究背景、目的和研究框架，第2~4章聚焦全球层面各区域的减排合作机制及其影响，第5~6章介绍我国省（区、市）间碳排放责任分配及潜在合作机制。本书致力于为了解全球气候合作机制分析的读者提供一些参考，但因本人学术水平和能力有限，尚有许多问题有待解决，也难免有遗漏或错误，恳望读者不吝批评指正。

目　录

第一章　绪论

第一节　研究背景、目的与意义

一　气候变化是全世界面临的严峻挑战

由人为温室气体排放带来的气候变化问题是当前世界面临的严重环境挑战。气候变化导致极端天气事件频发、海平面上升、热浪持续时间更长，对陆地和生态系统产生了很大的影响（Masson-Delmotte et al.，2018）。同时，气候变化引发的冲突和生产率变化给全球社会稳定和经济系统健康发展带来了巨大风险（Burke et al.，2015；Hsiang et al.，2013）。现有研究表明，如果21世纪末全球地表平均温度较工业化前期（1850~1900年）升高3℃，则气候变化带来的经济损失约占全球收入的2.1%；如果温度升高6℃，则相应经济损失占全球收入的8.5%（Nordhaus and Moffat，2017）。因此，为了有效应对气候变化和降低气候变化带来的潜在经济和社会风险，全球各国都在积极采取各种措施来减缓和适应气候变化。

为了客观和中立地评估气候变化的相关科学研究，联合国于1988年成立了政府间气候变化专门委员会（Intergovernmental Panel on Climate Change，IPCC），致力于评估气候变化相关科学和应对气候变化问题。IPCC定期对气候变化的科学基础、影响和未来风险进行分析，并探索减缓和适应气候变化的各种方案。从 1995 年至今，每年举办《联合国气候变化框架公约》缔约方大会，协调各国减排努力，致力于有效地解决气候变化问题。从 1997 年的《京都议定书》到 2015 年的《巴黎协定》，历次《联合国气候变化框架公约》缔约方大会旨在确定一套行之有效的减缓和适应气候变化的措施。2015 年《巴黎协定》确定了相对于工业化前期，在 21 世纪末将全球平均温度升幅控制在 2℃ 并努力实现 1.5℃ 的长期目标。在此目标约束下，各国政府提出各自的国家自主贡献（National Determined Contributions，NDC），并承诺将逐步提高减排努力以实现全球温控目标。

然而，根据美国航空航天局（NASA）2021 年的监测数据，相比于工业化前期，当前全球平均温度已经升高近 1℃，尤其是在过去的 20 年内平均温度升高近 0.6℃（NASA，2021）。这意味着到 2100 年的 70 多年内全球只有 0.5~1℃ 的温度升幅。此外，现有研究显示，即使各国都实现了各自的 NDC 目标，仍然难以达到 2℃ 或 1.5℃ 温控目标的要求（Rogelj et al.，2016；Wei et al.，2018）。因此，如果想要实现《巴黎协定》制定的温度升幅控制目标，避免气候变化带来的严重风险，世界各国应该积极采取减排政策和提高减排目标。在这个方面，近期全球多个国家和地区相继提出的中长期减排目标和碳中和承诺，为应对气候变化提供了积极的信号。中国作为负责任的大国，提出了 2060 年前后实现碳中和这一雄心勃勃的减排目标，这足以说明中国应对气候变化的决心和信心。其他国家也应该紧随中国的脚步，提出强有力的减排目标，从而积极有效地应对气候变化，促进全球经济和社会可持续发展。

二 合作减排是应对气候变化的重要举措

气候变化问题是一个典型的具有负外部性的全球公共物品。一个国家或地区排放温室气体导致的气候变化影响和风险由全世界共同承担。相应地，实施减排政策①所带来的减缓气候变化的收益也由全世界共享，然而实施减排政策所带来的成本由减排国家自身承担。这说明实施温室气体减排政策所带来的收益不具有排他性，而减排成本却由特定减排国家自己承担。因此在气候变化问题上，"搭便车"行为普遍存在。此外，伴随着对于实施单边减排政策所引起的竞争力效应以及存在碳泄漏现象的担忧，单个国家实施有雄心的减排目标的希望变得十分渺茫，因此有效地减缓气候变化需要广泛的国际合作。在《联合国气候变化框架公约》下，世界各国定期开展气候谈判也是希望制定一套有约束力的国际合作减排方案。实现气候减排目标的关键在于，一方面促使全球各国、各地区广泛参与，另一方面制定和实施强有力的减排政策（Mehling et al.，2018）。《巴黎协定》的重要意义在于实现了各个国家的广泛参与，全球 195 个国家承诺实施自主减排目标来减缓气候变化。

　　实施气候减排合作的重要意义还在于可以降低减排的总成本，实现更高的减排目标。《巴黎协定》第六条指出，一些缔约方在实施其国家自主贡献方面选择进行自愿合作，以便在减缓行动中实现更高的目标并促进可持续发展和环境完整性（联合国，2015）。气候变化问题的复杂性在于它既是环境问题，也是发展问题。不同国家所面临的发展阶段不一样，实施减排政策所面临的成本也各不相同。如果各个国家单独实施减排政策，则相比于减排潜力大的国家而言，一些减排潜力较小的国家在实现相同的减排目标时将面临更高的减排成本。因此，实施跨区域的减排合作可以促使减排发生在成本相对较低的区域，从而在相同的减排目标下降低了总体减排成本（Mehling et al.，2018）。《京都议定书》提出的清洁发展机制也是基于这一考虑。它允许发展中国家通过获

①　本书中"减排政策"也称"气候政策""气候减排政策""气候变化减排政策"等。同样，其他如"减排合作"等也称"气候合作""气候减排合作""气候变化减排合作"等。

得资助采用低排放技术，如建立一个更高效但碳排放更低的燃气发电厂，而非使用高排放的燃煤发电厂。两种发电厂之间的碳排放差异可以转换成碳信用，然后出售给发达国家用于抵消碳排放，从而降低了遵守《京都议定书》的成本（Wara，2007）。再如《巴黎协定》提倡的建立国际碳市场合作，各个国家通过排放配额交易来降低总体减排成本（Gavard et al.，2016；Oliveira et al.，2020）。因此，无论是希望解决气候变化的负外部性问题，还是降低总体减排成本，开展气候减排合作都是有效应对气候变化的关键举措。只有全球各国实施强有力的减排合作政策，才有可能在 21 世纪末实现《巴黎协定》制定的温控目标。

三 减排合作机制建模为决策制定提供科学依据

在意识到气候变化可能带来巨大风险之后，世界各国都在寻求各种措施来积极应对气候变化。《巴黎协定》各缔约国也提出了各自的国家自主减排贡献。然而，如何协调各国的减排目标以及应该采取何种合作措施对于实现全球温升控制目标具有重要意义。关于减排合作问题的探讨，一般聚焦两个方面。一方面是减排责任的合理分配（Steininger et al.，2016），确定各国的减排责任和减排力度，这也是《京都议定书》和《巴黎协定》一直关注的内容。另一方面是减排责任的有效履行（Bertram et al.，2015），即如何以更低成本、更有效方式来实现减排目标。

在全球层面，各国提出了各自的减排目标，但采取何种措施来协调这些减排承诺是保证全球气候目标实现的关键。在减排政策实施的过程中，通常会面临一些地区不合作现象，如何应对减排不合作行为以及潜在的"搭便车"行为也是历次气候变化谈判的重点，因为它不仅会削弱现有责任分担机制的减排效力，而且会引起碳泄漏效应，从而抵消其他区域的减排努力（Elliott et al.，2010）。因此，有必要通过详细的建模来探讨如何通过不同辅助措施促使非合作区域实施减排政策。此外，在具体的减排合作措施中，基于市场的碳定价合作以及基于行政管控的资金和技术转让合作等获得了较多的讨论，前者在《巴黎协定》第六条中有所体现，后者也是《京都议定书》提倡的联合履约的主要方式（王海林等人，2020）。针对这些措施在实际减排合作中所起到的作用和产生的相关影响则需要通过复杂系统建模来进一步评估和分析，从而为决策者制定相关的措施提供政策支持。

在全球范围责任分担的基础上，减排任务需要由各国具体实现。中国作为全球最大的能源消费国和碳排放国家，在减排目标的实现中需要扮演重要的角色且受到其他国家的广泛关注。此外，中国作为一个幅员辽阔的发展中国家，其各种减排路径的实现都将非常复杂。中国各省（区、市）在经济发展水平、产业结构、资源禀赋等方面存在明显差异。为了在有效实现减排目标的同时兼顾区域的均衡发展，需要审慎地对各省（区、市）的排放责任进行分配，且同样需要探讨如何设计灵活的省（区、市）间减排合作机制以提高减排的成本有效性，降低总体减排成本。

因此，无论是全球各区域层面还是中国各省（区、市）层面，借助复杂系统建模，探讨不同的减排合作机制设计，对于促进有效的区域减排合作和实现既定的减排目标都至关重要，并且通过系统性的建模分析也可以为决策者实施减排合作提供政策支持。

四　研究目的与意义

近年来，随着极端气候事件频发和人们逐步重视气候环境，全球气候变化问题成为当前国际社会和国内舆论的关注焦点。应对气候变化、促进社会可持续发展是未来经济和社会发展的重要导向。有效地应对气候变化需要全世界开展广泛而有效的碳减排合作。在历次气候谈判的努力下，全球减排合作取得了长足发展和关键性进步，从《京都议定书》到《巴黎协定》，定期的《联合国气候变化框架公约》缔约方大会为气候减排合作奠定了基础。2015 年《巴黎协定》

提出的国家自主贡献目标获得了大多数国家的广泛参与，为实现有效的减排合作迈出了关键一步。在全球 2℃ 以及 1.5℃ 温控目标约束下，随着未来碳排放剩余空间的逐步紧缩，全球各国需要更加重视减排合作问题，开展更密切和更有效的气候治理合作。

在开展减排合作时，如何应对不合作行为是参与者的主要顾虑，也是决定减排合作有效性的重要因素。部分研究分析了应对减排不合作的不同措施，但大多局限于单一的措施。在统一的模型框架下评估应对减排不合作的不同的措施，能够全面地分析不同措施的特点，为选择合理的措施提出更充分的支持。此外，在具体的减排合作措施方面，基于市场的碳减排合作被认为是最具成本有效性的减排策略，其中建立跨区域碳市场合作获得了广泛的关注。《巴黎协定》第六条也指出全球各区域可以开展自愿的减排合作来实现自身的减排目标，并且鼓励开展区域碳市场合作。现有研究关于碳市场合作的分析大多聚焦短期的国家自主贡献目标，随着各地区逐步提高各自的减排目标，在新的减排目标下分析碳市场合作的经济和环境影响十分重要。

中国作为全球最大的能源消费国和碳排放国家，一方面，需要探讨全球各区域间不同的减排合作方式对于中国未来化石能源以及可再生能源发展的影响，指导中国实现碳排放达峰以及能源转型的路径设计。另一方面，中国也是一个经济发展不均衡的多区域国家，省（区、市）间合作对于中国有效实现减排目标具有重要作用。在不同的排放分配原则下，各省（区、市）的碳排放责任有所不同，从而实施基于不同排放原则的政策会带来不同的影响。因此，合理地分配省（区、市）间减排责任和评估不同排放责任下的政策影响，可以为减排政策的顺利实施提供决策支持，为减排目标的实现提供政策依据。

因此，本书针对应对气候变化合作减排的关键问题，以及国家实施减排合作的战略需求，对减排合作机制的建模方法及其应用进行研究，分别从全球各区域和中国各省（区、市）两个层面出发，以期达到以下研究目的。

（1）在一个综合的框架下探讨如何应对减排不合作行为，对比分析应对减排不合作不同措施的具体影响，权衡不同措施的优劣性，为实现有效的气候减排合作提供建议。此外，在具体合作措施方面，评估在碳中和目标下开展跨区域碳市场链接合作的经济和能源环境影响，分析碳市场合作实现减排目标的优势和应该注意的事项，为区域减排合作提供具体的决策依据。

（2）在综合考虑经济系统和地球系统，权衡减排成本和气候损失的区域气候和经济动态综合评估模型（Regional Integrated Model of Climate and the Economy，RICE）中，细化中国（China）的能源建模结构，考虑多种化石能源和非化石能源，构建 RICE-China 模型。此外，在不同的全球合作方式下中国的减排责任以及能源需求存在较大的差异，因此，本书基于上述综合评估模型，探讨在温控目标约束下全球不同合作方式对中国经济和能源需求的影响。

（3）聚焦中国各省（区、市），在生产侧和消费侧两种不同的碳排放核算原则下分析中国各省（区、市）间排放责任分担方式，并考察实施碳价政策对中国各省（区、市）的税负和部门竞争力的影响。同时在消费侧原则的基础上考虑中国省（区、市）间贸易部门的生产技术异质性，分析中国各省（区、市）贸易相关碳排放责任分担，并探讨各省（区、市）各部门关键的碳效率改善点，提出可行的区域联合履约机制，从而为中国省（区、市）间开展碳减排合作提供决策支撑，促进合作减排措施的顺利实施。

第二节　文献综述

合作减排作为实现气候目标的重要措施，受到国际社会和研究人员的广泛关注，并取得了大量的研究成果。对于现有研究的梳理归纳和分析有利于更好地把握该领域的研究现状和热点，对下一步的研究起到铺垫作用。因此，本部分基于文献计量分析（Wei et al.，2015；Zhang et al.，2016），对气候变化减排合作领域的研究进行数据统计和挖掘分析，把握该领域的发展趋势和研究进展，并通过引文分析和关键字分析识别研究热点和未来研究方向。

一　气候变化减排合作研究文献统计

本书的数据来自 Web of Science（WoS）平台的核心库（Core Collection），包括 Science Citation Index Expanded（SCI-E）和 Social Sciences Citation Index（SSCI）。WoS 数据库提供了全面、多学科的引用数据，是进行文献计量分析的主要数据来源。本书所使用的检索字段为 TS（即 Topic），包含标题、摘要和关键字（Titles，Abstracts and Keywords）。检索内容包括"气候减排"和"合作"。具体的检索形式如下。TS =［（"climate polic*" or "climate negotiat*" or "climate mitigat*" or "mitigat* polic*" or "carbon reduc*" or "emission reduc*" or "emission mitigat*" or "carbon mitigate*" or "CO_2 emission reduc*" or "carbon emission reduc*"）and（"cooperation" or "coalition" or "club" or "collaboration"）］。设定的检索文献类型为 Article，检索语言为 English，时间跨度为（1983~2019 年），检索时间为 2019 年 12 月，总计获取文献 694 篇。所有数据采取全记录导出方式用于文献计量分析。

使用的主要分析工具包括 Bibexcel 和 VOSviewer。Bibexcel 可以进行基本的文献计量分析和引文分析（Persson et al.，2009），VOSviewer 可以用于可视化分析（Van Eck and Waltman，2010）。此外还采用其他的评估指标，例如影响因子用来评估期刊的影响力（Glänzel and Moed，2002）；h 指数（h-index）用于评价研究人员的科研产出，h 指数表示一个研究人员至少有 h 篇论文的引用次数大于 h 次（Hirsch，2005）。

（一） 文献数量

图 1-1 展示了 1992～2019 年全世界和部分主要国家的气候变化减排合作研究文献发表数量。结果显示 1992～2019 年，关于减排合作研究的文献数量呈现上升趋势，这表明研究人员对于该领域的关注度在不断提高，尤其是 2008～2019 年文献数量增加了 5 倍。这主要是由于近年来随着气候变化问题逐渐突出，合作减排被认为是实现温升控制和降低气候变化不利影响的重要措施。从国家来看，美国（159 篇，23%）是这个领域的主要贡献者，其后依次是中国、德国。2015～2019 年中国的发文数量增长迅速，已经超越美国。

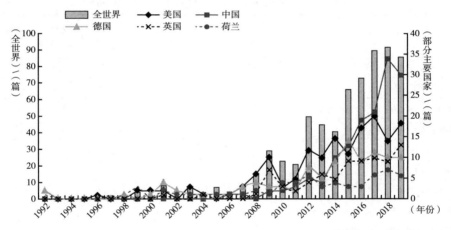

图 1-1 1992～2019 年全世界和部分主要国家的气候变化减排合作研究文献发表数量

（二）主要的期刊分布

在收集的气候变化减排合作研究文献中共涉及 270 个期刊。表 1-1 体现了发文量排名前 10 的期刊的基本特征。其中，*Climate Policy*（67 篇）发文量最多，占比 9.65%。其次是 *Energy Policy*（33 篇）和 *Journal of Cleaner Production*（29 篇）。*Climate Policy* 不仅发文量最多，而且总引用量也是最多的（1244 次）。然而从期刊的平均引用量来看，*Global Environmental Change-Human and Policy Dimensions* 的平均引用量最高，为 29 次。其次是 *Energy Economics*（27.73 次）和 *Energy Policy*（23.94 次）。影响因子和 h 指数表明一个期刊的重要程度。影响因子和 h 指数越高，表明期刊越有影响力。*Energy Economics* 的影响因子最高（12.8），其次是 *Applied Energy*（11.2）和 *Journal of Cleaner Production*（11.1）。从 h 指数来看，*Climate Policy* 的 h 指数最高（18），其次是 *Energy Policy*（15）、*Climatic Change*（12）、*Journal of Cleaner Production*（10）和 *Global Environmental Change-Human and Policy Dimensions*（10）。

表 1-1　气候变化减排合作领域的主要载文期刊

期刊	发文量（篇）	比例（%）	总引用量（次）	平均引用量（次）	影响因子	h 指数
Climate Policy	67	9.65	1244	18.57	7.1	18
Energy Policy	33	4.76	790	23.94	9.0	15
Journal of Cleaner Production	29	4.18	463	15.97	11.1	10
Climatic Change	24	3.46	411	17.13	4.8	12
Environmental and Resource Economics	23	3.31	299	13.00	5.9	8
Sustainability	18	2.59	46	2.56	3.9	4
International Environmental Agreements-Politics Law and Economics	17	2.45	130	7.65	3.4	7
Global Environmental Change-Human and Policy Dimensions	16	2.31	464	29.00	8.9	10
Applied Energy	12	1.73	214	17.83	11.2	7
Energy Economics	11	1.59	305	27.73	12.8	10

注：影响因子目前更新至 2022 年。

（三）主要的学科分布

本书所检索的文献共涉及 80 个学科，这表明气候变化减排合作研究是一个多学科交叉的领域。表1-2描述了发文量排名前10的学科的基本特征。其中环境研究（*Environmental Studies*）、环境科学（*Environmental Sciences*）和经济学（*Economics*）是发文量排名前3的学科，占比分别为42.1%、33.3%和24.9%。这是因为气候变化减排合作研究主要探讨气候变化对环境的影响和影响机理问题，同时分析减排合作能够带来的经济效益。这也体现了气候变化减排合作研究是一个自然科学和社会科学相结合的综合性学科。此外，气候变化减排合作领域所涉及的重要学科还包括公共管理（*Public Administration*）和国际关系（*International Relations*）。这主要是因为合作减排问题涉及各区域之间如何协调各自的减排责任、政策措施和减排力度。多学科交叉的性质也体现了开展跨学科的协调合作研究对于减缓气候变化、应对气候变化的不利影响具有重要意义。

表1-2 主要学科类别的文献统计

单位：篇，%

排名	学科类别	发文量	占文献总数的比例
1	环境研究（*Environmental Studies*）	292	42.1
2	环境科学（*Environmental Sciences*）	231	33.3
3	经济学（*Economics*）	173	24.9
4	能源燃料（*Energy Fuels*）	94	13.5
5	公共管理（*Public Administration*）	86	12.4
6	政治科学（*Political Science*）	79	11.4
7	气象学大气科学（*Meteorology Atmospheric Sciences*）	68	9.8
8	绿色可持续科技（*Green Sustainable Science Technology*）	67	9.7
9	环境工程（*Engineering Environmental*）	41	5.9
10	国际关系（*International Relations*）	36	5.2

注：此处文献总数指的是本书中符合检索条件的694篇文献。

（四）主要的国家分布

所有检索的文献涉及71个国家和地区。图1-2表示发文量排名前 10 的国家和地区的基本特征。其中美国（159 篇）的发文量最多，同时也拥有最高的 h 指数（35），这表明美国不仅在减排合作领域发文数量多，而且影响比较大。其次是中国，论文发表量为 145 篇，h 指数为 27，说明中国近年来在减排合作领域的研究不断深入，同时研究水平也在不断提高。德国、英国、荷兰和瑞士四个国家处于第二梯队，其中瑞士的发文数量较少，但拥有较高的 h 指数。挪威、瑞典、加拿大和意大利属于第三梯队。

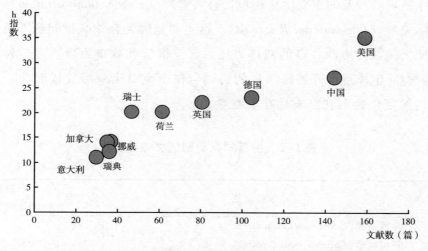

图 1-2　发文量前 10 的国家和地区的基本特征

　　图 1-3 展示了气候减排合作领域发文量前 30 的主要国家（文献数大于 4 篇）国际合作网络。圆圈的大小代表合作强度，两个国家之间的连线代表合作关系，线越粗代表两个国家的合作关系越强。美国位于合作的中心，与其他国家的合作关系最强。主要合作对象有德国、荷兰、中国、英国和加拿大。德国是世界第二大减排合作国，主要合作对象有美国、荷兰和英国。该领域的合作目前聚焦发达国家之间的合作，发展中国家的合作力度较小。例如，中国在减排合作领域的合作强度仅排在第六。发展中国家的碳排放量占全球总碳排放量的

比例较大，合作减排的潜力依然来自发展中国家。因此，未来加强发展中国家与发达国家的合作，可以更好地促进减排责任的分担以及减排政策的制定和实施。

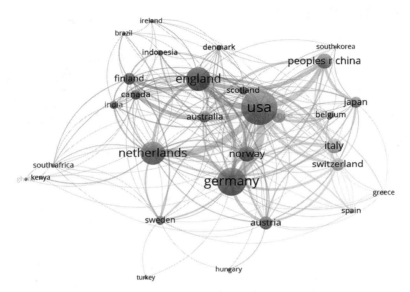

图 1-3　发文量前 30 的主要国家国际合作网络

注：图中英文为国家或地区，因软件自动生成，故首字母未大写。

（五）高产作者

一个作者在减排合作领域的发文量体现了该作者在该领域的研究深度和研究实力。在检索的所有文献中包含 2044 位作者，其中有 5 位作者在该领域的发文量在 6 篇及以上，如表 1-3 所示。具体来说，Urpelainen 是该领域发文量最多的作者，同时其 h 指数也位居前列，表明该作者在该领域不仅研究深入而且具有较大的影响力。在其关于减排合作的研究中，主要从政治经济学和国际关系视角分析单边的减排行动如何促进国际合作。发文量排名第二的是 Edenhofer，他的研究主要关注国际技术合作联盟的稳定性、最优技术合作路径以及气候金融合作的作用。发文量排名第三的是 Tol，主要基于其自主构建的气候变化综合评估模型，分析不同情景下国际合作的可能性。此外，从高产作者的国家分布来看，涉及多个国家，这也说明在气候减排合作领域的研究是多国主导的。

表 1-3　排名前 5 的高产作者基本特征

单位：篇，次

作者	国家	机构英文名称	机构中文名称	发文量	总引用量	平均引用量	h指数
Urpelainen, J.	美国	Johns Hopkins University	约翰·霍普金斯大学	9	123	13.7	6
Edenhofer, O.	德国	Potsdam Institute for Climate Impact Research	波茨坦气候影响研究所	8	228	28.5	6
Tol, R. S. J.	英国	University of Sussex	苏塞克斯大学	7	178	25.4	7
Finus, M.	奥地利	University of Graz	格拉茨大学	6	111	18.5	5
Ingold, K.	瑞士	University of Bern	波恩大学	6	292	48.7	6

图 1-4 描述了高产作者的合作网络。其中圆圈的大小表示作者的发文数量多寡，作者之间的连线表示合作强度。分析高产作者的合作网络，有助于快速把握减排合作领域的研究团队并了解研究前沿。结果显示，减排合作领域大多数的合作团体在 3 人以内。其中合作关系最为突出的是以 Ottmar Edenhofer 为中心的合作团体，主要的合作者是来自德国的波茨坦气候影响研究所。Ottmar Edenhofer 是气候减排合作领域以及气候变化经济学研究领域的顶尖专家，以他为中心的合作网络代表减排合作领域的研究前沿。此外，其他成果显著的合作网络还有以来自德国奥登堡大学的 Christoph Boehringer 为中心的合作

团体。Christoph Boehringer 的主要研究内容包括探讨采取何种措施有助于扩大减排合作联盟，以及扩大减排合作联盟的成本有效性。

图 1-4　高产作者的合作网络

注：图中英文为作者名字，因软件自动生成，故作者的姓、名的首字母未大写。

（六）高被引论文

论文被引频次代表作者的学术影响力。高被引论文意味着该论文的研究内容得到同领域其他学者的认可，具有重要的参考价值。表 1-4 给出了减排合作领域被引频次排名前 10 的论文。总被引频次最高的是 Peters 和 Hertwich（2008）发表的论文，该研究主要分析了

2001 年全球多个国家的贸易隐含碳，指出贸易隐含碳会对全球气候政策（如《京都议定书》）的参与度和有效性产生重要影响。因此，探讨贸易在一个国家的经济和环境发展中扮演的角色，将会有助于设计出更有效和更具参与性的气候政策。总被引频次排名第二，同时平均每年被引频次最多的是 Benjaafar 等（2013）发表的论文，该研究聚焦微观企业层面，将碳排放纳入企业的运营决策，探讨企业间相互合作对于其成本和碳排放的影响。总被引频次排名第三的是 Nemet 等（2010）的论文，该研究提出气候俱乐部概念，并探讨气候俱乐部作为一种稳定的减排合作模式的有效性。此外，其他高被引论文研究内容涉及气候减排合作的多个方面，既包括宏观层面，如如何应对减排不作为以促进全球合作（Wijen and Ansari, 2007），全球气候减排合作方式分析（Aldy et al., 2003）；也包括微观层面，如企业减排的合作决策分析（Zhu and Geng, 2013）。

表 1-4　减排合作领域被引频次排名前 10 的论文

单位：次

作者	发表年份	总被引频次	平均每年被引频次	期刊
Peters, G. P., Hertwich, E. G.	2008	612	51.00	*Environmental Science & Technology*
Benjaafar, S. 等	2013	393	56.14	*IEEE Transactions on Automation Science and Engineering*
Nemet, G. F. 等	2010	186	18.60	*Environmental Research Letters*
Kriegler, E. 等	2012	171	21.38	*Global Environmental Change-Human and Policy Dimensions*
Nordhaus, W. D.	2015	153	30.60	*American Economic Review*
Zhu, Q. H., Geng, Y.	2013	142	20.29	*Journal of Cleaner Production*
Barrett, J. 等	2013	136	19.43	*Climate Policy*
Wijen, F., Ansari, S.	2007	131	10.08	*Organization Studies*
Aldy, J. E. 等	2003	123	7.24	*Climate Policy*
Chen, Z. M., Chen, G. Q.	2011	117	13.00	*Energy Policy*

（七）高被引参考文献

被引用参考文献分析是对常见的引文分析的一种补充，被引用参考文献分析可以被认为是一种后向引用分析（Bornmann and Marx，2013）。参考文献是论文写作的基础，通过分析引用的参考文献可以把握该领域的作者在进行研究的时候最关注的论文，从而把握该领域的研究基础。表 1-5 给出了被引频次排名前 10 的参考文献。被引频次最多的是 Barrett（1994）的论文，该研究采用博弈论对国际环境协议的形成进行分析，结果指出稳定的气候合作协议可能只有很少的签署国和/或不涉及雄心勃勃的减排目标。被引频次排名第二的是 Carraro 和 Siniscalco（1993）的论文，该研究借助两阶段博弈模型考察国际环境协议的稳定性，结果显示由少数几个国家组成的合作联盟才能在内部和外部都保持稳定。此外，其还表明现有的联盟可以通过资金转移来扩大范围从而实现所有国家的充分合作。以上两篇文章是运用博弈论探讨国际减排合作的开创性研究。在他们之后大量学者开始借助博弈论来分析气候变化减排合作问题。表 1-5 中其他高被引的参考文献也是该领域的重要理论和实证研究，侧重于气候减排合作的不同方面。例如，建立多国参与的俱乐部模式来促进减排合作（Victor，2011），不同的气候变化应对策略（合作与非合作）对于碳减排的影响（Nordhaus and Yang，1996），国际资金转移在气候合作中的作用（Chander and Tulkens，1995）。

表 1-5　被引频次排名前 10 的参考文献

作者	被引频次	发表年份	文献来源
Barrett, S.	58	1994	*Oxford Economic Papers*
Carraro, C. , Siniscalco, D.	52	1993	*Journal of Public Economics*
Barrett, S.	47	2003	*Oxford University Press*
Victor, D. G.	25	2011	*Cambridge University Press*

续表

作者	被引频次	发表年份	文献来源
Stern, N.	24	2007	*Cambridge University Press*
Nordhaus, W. D., Yang, Z. L.	24	1996	*American Economic Review*
Keohane, R. O., Victor, D. G.	23	2011	*Perspectives on Politics*
Hoel, M.	21	1992	*Environmental and Resource Economics*
Nordhaus, W. D.	21	2015	*American Economic Review*
Chander, P., Tulkens, H.	18	1995	*International Tax and Public Finance*

二 气候变化减排合作研究热点

关键词通常反映出作者的研究目的和兴趣，通过进行关键词频次分析可以识别气候变化减排合作领域的研究热点问题。检索结果显示，高频次关键词中也包含一些通用的广义关键词，比如气候变化、气候政策、合作、减排等，因为这些关键词被包含在检索词中。因此，为了分析减排合作领域具体的研究内容，本书将这些关键词分离出来，通过关键词清洗和归并，聚焦具体的研究主题。表 1-6 给出了气候变化减排合作领域的主要热点关键词及其分类。

表 1-6 气候变化减排合作领域的主要热点关键词及其分类

类别	主要热点关键词（出现频次）
责任分配与公平	公平（Equity，10），公众舆论（Public opinion，4），游说（Lobbying，3），气候正义（Climate justice，3），伦理（Ethics，3）
气候联盟的稳定性	联盟形成（Coalition formation，8），倡导联盟框架（Advocacy coalition framework，8），联盟（Coalitions，7），倡导联盟（Advocacy coalitions，4），气候联盟（Climate coalition，3），稳定性（Stability，3）

续表

类别	主要热点关键词（出现频次）
技术转让和气候金融	技术转让（Technology transfer，8），技术（Technology，5），气候金融（Climate finance，4），减少发展中国家毁林和森林退化造成的排放（REDD，11），联合履约（Joint implementation，4），清洁发展机制（Clean development mechanism，4），技术溢出（Technology spillovers，3）
碳市场合作	排放交易（Emissions trading，7），限额与交易（Cap-and-trade，6），碳市场（Carbon markets，6），排放权交易（Emission trading，4）
应对不合作行为	碳泄漏（Carbon leakage，14），边境税调整（Border tax adjustments，6），边境碳调整（Border carbon adjustments，3），竞争力（Competitiveness，4）
模型方法	博弈论（Game theory，27），综合评估（Integrated assessment，6），可计算一般均衡模型（Computable general equilibrium，6），微分博弈（Differential game，3），非合作博弈（Non-cooperative game theory，3），投入产出分析（Input-output analysis，3），纳什均衡（Nash equilibrium，3），综合评估模型（Integrated assessment models，3），优化模型（Optimization，3）
国家/区域	中国（China，31），印度（India，10），发展中国家（Developing countries，10），美国（United States，10），巴西（Brazil，7），欧盟（European Union，5），瑞典（Sweden，4），土耳其（Turkey，3），南非（South Africa，3），印度尼西亚（Indonesia，3）

（一）责任分配与公平

在《巴黎协定》之前，全球气候治理模式是自上向下地决定各国的减排责任。因此，在气候减排合作的研究中针对减排责任的公平分配的讨论十分重要。主要的公平原则包括平等主义原则、主权原则、污染者付费原则以及支付能力原则（Lange et al.，2007）。一方面，有些研究探讨了基于不同公平原则的全球减排政策的影响（Mi et al.，2019；Tol，2001）。不同的减排责任分配也会影响减排合作联盟的稳定性。一些国家的减排责任过重和由此造成的不公平待遇将会导致它们拒绝合作（Buchholz et al.，2016）。此外，考虑到贸易相关碳排放问题的争议，也有研究从贸易隐含碳方面提出不同的公平分配原则来决定各国的减排责任（Liu et al.，2015）。另一方面，虽然《巴黎协定》倡导的是自下向上的国家自主贡献目标，但是政府在制定减排责任时仍会考虑公平原则。公众的支持对于实施严格的减排政策十分重要，因此，有些研究探讨不同的公平原则对公民关于减排政策责任分担偏好的影响（Anderson et al.，2019）。在国家层面，如何公平地区分努力和义务是气候谈判中的核心问题。一些研究分析不同国家对于公平的理解的变化以及不同国家的经济或碳排放情况对其公平原则认知的影响（Lange et al.，2007）。探讨不同国家之间的公平观念的变化以及如何解释这种变化，对于确定普遍可接受的公平原则和促进减排合作至关重要。

在分配各地区的碳排放责任方面，两种排放核算原则得到广泛讨论，分别是生产侧排放（Production-based accounting，PBA）和消费侧排放（Consumption-based accounting，CBA）（Peters，2008）。PBA原则是《联合国气候变化框架公约》所依据的核算方式，根据各地区的地理位置（实际生产过程中的排放发生地）来分配各区域的排放责任。CBA原则是按照各区域由最终需求引起的排放来进行责任划分。相比PBA原则，CBA原则的优势在于考虑贸易相关的碳排放。国际贸易为不同地区的生产和消费提供了联系，忽略这些联系可能导致对全球和国家排放趋势产生误导性分析（Peters et al.，2011）。因此，越来越多的研究采用CBA原则针对区域间贸易相关的碳转移进行分析，主要考察碳转移的大小和方向（Hertwich and Peters，2009；Jakob and Marschinski，2013；Meng et al.，2018a）。然而，尽管CBA原则考虑了贸易相关的排放，但是它未能很好地反映气候政策对贸易排放的影响。在其他条件不变的情况下，CBA原则下中国的排放责任就越大。从这个方面来说，CBA原则并没有实现各国出口更清洁产品的目标，因此CBA原则未能很好地反映贸易相关的排放，这对于实施减排政策将会产生不利的引导作用。

　　考虑到 CBA 原则未能对各国出口行业的碳效率变化提供直接的反馈，Kander 等（2015）对 CBA 原则进行了改进，考虑出口部门的碳效率差异从而提出基于技术调整的消费侧原则（Technology-adjusted CBA，TCBA），即探讨如果各国出口商品不是由本国生产，而是由替代者生产提供的，此时该国的碳排放将如何变化。然而关于哪些替代者会提供这些出口商品一般难以知晓，因此假设按照世界市场上相关部门的平均碳排放强度来生产这种商品（Kander et al.，2015）。具体而言，在进行出口相关的碳排放核算时，采用出口部门的全球平均碳排放强度来替代原来各地区自身的出口部门碳排放强度。其结果显示如果将出口的技术差异考虑在内，全球各区域的碳排放水平将发生显著变化。例如，相比于 CBA 原则，在 TCBA 原则下中国的碳排放责任将变大。因为中国出口部门的碳排放强度较大，当采用全球平均碳排放强度来计算时，出口部门的碳排放降低，导致 TCBA 原则下中国的碳排放责任增大。这说明中国出口的商品是相对碳密集型的。而对于欧盟而言，因为其出口部门的碳排放强度较低，所以 TCBA 原则下其碳排放责任有所减小。

　　然而，尽管 TCBA 原则通过考虑出口部门的碳效率差异对计算贸易相关的碳排放进行改进，但是它并没有进一步区分不同的贸易伙伴，即出口的具体去向（或进口的来源）。贸易比较优势表明，即使一个国家所有生产部门的碳效率比其贸易伙伴高，它仍有可能利用贸易中各国的部门碳效率差异来减少全球碳排放。具体而言，碳效率低的国家可以选择从碳效率高的国家进口商品，而非本国生产该商品，那么在相同产出下总体碳排放将会降低。本书将其定义为环境比较优势。通过考虑贸易双方部门的碳效率差异，Dietzenbacher 等（2020）对贸易相关的碳排放核算进行改进，提出排放责任分配（Emission Responsibility Allotment，ERA）原则。ERA 原则有助于更为详细地分析一个国家通过贸易降低了多少全球碳排放。通过考虑现有贸易相关的碳排放与假设的无贸易情景的碳排放之间的差异来体现贸易对碳排放的影响。然后以全球平均水平为基准，确定各地区的贸易表现，建立一个奖惩机制。如果一个地区通过贸易降低的碳排放高于全球平均水平，那么将获得奖励，否则将受到惩罚。通过奖惩幅度对 CBA 进行调整进而形成 ERA 原则。因此，更好地核算贸易相关的碳排放有利于制定更合理的气候政策。

中国强调区域间均衡发展，合理分配各区域排放责任有助于协调经济和环境目标，实施有针对性的减排政策。此外，中国内部的区域贸易往来十分密切，其中蕴含很大的碳排放。例如，已有分析显示中国各省（区、市）间贸易相关的碳排放占全国总碳排放的近一半，大量碳排放从较贫困的中西部地区流入较发达的沿海地区（Feng et al.，2013；Zhang et al.，2019）。因此研究人员和政策制定者正在寻找不同的工具，通过充分考虑区域贸易来帮助制定更有效的贸易相关的气候政策。现有研究大多针对中国区域间贸易相关碳转移的大小和方向进行评估（Liu et al.，2015；Pan et al.，2018；Wang et al.，2019）。上述这些研究为合理分配中国各区域排放责任以及帮助制定相关的合作减排政策提供了重要启示。

（二）气候联盟和国际环境协议的稳定性

形成稳定的气候合作联盟①是降低碳排放的有效措施。与此同时，在气候谈判中设计一个稳定的减排联盟是各国考虑参与减排的重要因素。因此，关于是否存在稳定的减排联盟引起了广泛讨论（Dellink et al.，2008；Ulph，2004；Yang，2016）。多数研究指出，由于气候变化是一个全球公共物品，"搭便车"行为的出现使得在气候减排问题上不

---

① 本书中"气候联盟"，也称"气候合作联盟""减排（合作）联盟""气候减排联盟"等。

存在稳定的合作联盟或者只存在包含少数国家的小联盟，难以有效遏制全球温室气体排放（Eichner and Pethig，2017；Kersting et al.，2017）。在此基础上，研究人员进一步探讨是否存在某些因素以促进各地区参与减排合作联盟。考虑的因素包括互惠偏好（Nyborg，2018）、较大的气候变化损害（Dellink et al.，2013）、利他主义以及协同收益。研究表明，国家有利他主义偏好有助于形成较大的合作联盟（Van der Pol et al.，2012）。相反，尽管协同收益为减缓气候变化提供了额外的激励，但它们很难提高达成有效全球协议的可能性。在扩大减排合作联盟的措施上，一些研究指出引入适当的转移机制有助于形成稳定的气候联盟（Chen，et al.）。此外，还有研究讨论了气候联盟的内生形成，旨在建立一个内部稳定的气候合作联盟，例如特惠自由贸易协定。

（三）技术转让和气候金融

通过技术转让或资金补助促进发展中国家降低碳排放，是实现发展中国家和发达国家开展减排合作的重要措施。在关于技术合作的讨论上，一些研究分析了技术转让和技术发展的有效性（Helm and Schmidt，2015；Lessmann and Edenhofer，2011；Rennkamp and Boyd，2015；Zhang and Yan，2015）。例如，研究指出国际技术转让与合作应有助于提高国内促进技术发展的能力，而基于纯销售的技术转让不会有助于实现长期的低碳发展目标（Rennkamp and Boyd，2015）。此外，关于技术合作的选择条件和具体实施措施也会对其效果产生影响。例如，在边际损害足够大的情况下，气候变化协议应更多地侧重于技术合作而非减排合作。

然而，尽管技术转让在《联合国气候变化框架公约》中是促进气候合作的重要措施，但是低碳技术在国际范围内的转让并未足够快地挖掘所要求的全部潜力。现有研究也致力于探讨阻碍技术转让的因素，如知识产权保护、技术转让失败的风险等对技术合作产生的影响

（Hübler and Finus, 2013; Zhou, 2019）。此外，助力气候技术向发展中国家流动的另一种方式是促进国际研发合作，即在不同国家的机构（私人或公共机构）之间开展技术创新合作。因此，关于国际研发合作的分析也受到关注（Golombek and Hoel, 2011; Ockwell et al., 2015）。为了促进低收入国家实施减排措施以及向低碳经济发展的道路转变，它们需要在可再生能源和能源效率方面进行大量的额外投资。此外，《巴黎协定》还提出了气候资金补助的目标，以促进发展中国家的减排合作。因此研究者也逐步关注气候融资的分配和使用问题（Cseh, 2019; Paroussos et al., 2019; Steckel et al., 2017）。

（四）碳市场合作

随着碳市场在全球各区域逐步建立和覆盖范围不断扩大，以及基于气候变化问题进行国际合作的必要性，关于如何链接碳市场以期建立多区域乃至全球统一的碳市场受到广泛关注。碳市场机制为最具成本有效性的市场减排机制之一，链接碳市场被认为可以降低减排成本。在关于碳市场的研究中，一部分主要针对全球碳市场（Böhringer et al., 2014; Gersbach and Winkler, 2011; Qi and Weng, 2016），而另一部分则聚焦特定区域的碳市场链接，如中国、欧洲和美国等碳市场之间的链接（Gavard et al., 2016; Li et al., 2019）。在碳市场覆盖部门方面，大多数研究聚焦电力和能源密集型部门，少数研究覆盖所有经济部门。

在研究内容方面，主要是分析不同国家实施碳市场链接的经济和环境影响。由于碳市场能够通过市场机制促进碳配额的有效分配，因此，与独立的碳市场相比，建立联合碳市场可以有效地降低碳排放以及减排成本（Gavard et al., 2016; Li et al., 2019）。然而，碳市场的链接是循序渐进的，不断地扩大链接区域和部门。随着越来越多的国家被纳入碳交易体系，一些国家可能会遭受重大损失，并且个别国家可能会因碳市场部门覆盖范围的扩大而遭受损失（Böhringer et al.,

2014）。此外，在具体的碳市场合作机制的设计方面，不同的碳市场链接设置会对其实施效果产生影响，一些研究主要探讨了碳配额的交易设置以及配额收入的使用（Gavard et al.，2016；Li et al.，2019）。

（五）应对不合作行为

实施全球合作的减排政策是应对气候变化最有效的措施，然而在气候变化这一典型的全球公共物品问题上，"搭便车"行为的出现使开展有效的国际合作显得十分困难。即使各国制定了统一的减排合作协议，但由于缺乏法律约束力，也会出现一些国家不合作的现象，例如作为主要碳排放国家之一的美国于2017年宣布退出《巴黎协定》，使得国家自主贡献这一重要提议被蒙上一层阴影。"搭便车"行为会降低减排联盟国家的政策有效性以及对其竞争力造成负面影响。在这样的背景下，如何克服"搭便车"行为以及应对个别区域不合作行为受到较多的关注（Nordhaus，2015）。其中，关税措施尤其是边境碳调整（Border Carbon Adjustment，BCA）得到较多的讨论（Böhringer et al.，2014；Branger and Quirion，2014）。

主要的研究内容包含以下三个方面。第一，探讨BCA实施对于降低碳泄漏和保护竞争力的有效性。多数的研究表明，精心设计的BCA措施有助于减少贸易扭曲和降低碳泄漏（Branger and Quirion，2014）。然而，也有少数研究显示BCA可能无法有效保护部门竞争力，因为它们只涵盖贸易隐含碳排放的一小部分（Weber and Peters，2009）。第二，分析BCA是否是一种有效的贸易制裁措施来促进非减排国家加入减排联盟（Böhringer et al.，2016；Weitzel et al.，2012）。研究显示，碳关税可能是一种促使非合作区域参与气候减排从而降低全球减排成本的有效工具。第三，关于BCA措施的可行性分析是其顺利实施的关键。在世界贸易组织旨在放宽国际贸易约束和避免贸易壁垒的法律框架下，实施BCA措施的合法性可能会存在问题。因此，一些研究对BCA措施关于世界贸易组织的法律兼容性进行了分析，旨在提出一种能够平衡法律和环境因素的设计方案（Mehling et al.，2019；Weber，2015）。最后，考虑到 BCA 措施的复杂性和实施效果的不确定性，也有研究探讨了采用统一关税措施来应对不合作行为的效果（Nordhaus，2015；Winchester，2018）。

三 主要启示

（1）有效的减排合作是应对气候变化的关键措施，也是实现气候目标的重要手段。然而在协商多区域合作减排的过程中，会面临个别地区不参与合作的潜在风险。现有研究针对关于应对不合作行为的政策措施进行了探讨，但大多数研究局限于对单一措施的评价，并未在统一的框架下对不同的政策措施进行综合评价。因此，为了有效地应对非合作行为，保证减排合作的稳定性和有效性，从政策对比角度出发，需要针对不同的应对不合作行为的政策措施进行综合评价，这样有利于从整体层面识别有效的政策手段，便于结合政策实施目的选取合理的应对措施。

（2）关于具体的区域减排合作措施的探讨，主要涉及全球多区域碳市场链接以及基于资金和技术转让的多边合作协议。其中基于市场的碳交易合作被认为是更具成本有效性的减排合作方式，得到了《巴黎协定》的肯定，同时现有的碳市场机制也在尝试进行多边合作链接。既有研究评估了不同区域的碳市场链接的经济和环境影响，但分析大多是针对一些假设性的减排目标或者《巴黎协定》提出的自主减排目标。随着各地区和国家提出更严格的碳减排目标，如中国承诺的碳达峰和碳中和目标，分析通过开展跨区域碳市场合作实现上述减排目标的潜在影响是至关重要的，能够为各地区通过开展跨区域碳市场合作实现气候变化治理和减排目标提供相关的决策支撑。

（3）气候变化作为一个涉及经济和地球等不同系统的复杂巨系统，仅考虑单一系统的建模不足以全面评估气候变化的影响以及制定合理的减排政策，因此考虑不同系统的气候变化综合评估模型得到广泛应用。然而现有的气候变化综合评估模型大多聚焦总体经济的分析，缺少对部门层面的细节刻画。另外，区域间不同的合作方式将对各地区的减排责任、经济和能源系统产生较大的影响。因此为了更详细地分析全球不同减排合作方式对于特定国家尤其是中国的影响，需要细化气候变化综合评估模型，考虑详细的能源系统建模结构，从而为国家层面的减排政策制定提供参考。

（4）中国是主要的能源消费国和碳排放国家，在全球应对气候变化行动中扮演着重要的角色。同时中国又是一个幅员辽阔、经济发展不均衡的国家，中国省（区、市）间开展减排合作，以成本有效的方式来实现自身减排目标也是推动全球气候变化治理的关键步骤和重要推手。因此评估不同排放核算原则下的减排政策对于中国各省（区、市）的经济影响，以及合理分配不同省（区、市）的减排责任是推进中国省（区、市）间开展减排合作的基础，能够为促进有效的减排合作提供决策支撑。

第三节　研究方法及研究框架

在分析减排合作模型方面，使用最多的方法是博弈论模型、气候变化综合评估模型（Intergrated Assessment Model，IAM）和可计算一般均衡（Computable General Equrilibrium，CGE）模型。

博弈论是研究冲突情景下的理性行为的一种有用的分析工具。各参与者依靠所掌握的信息选择各自的最佳策略以实现利益最大化或成本最小化（Dietz and Zhao，2011）。在减缓气候变化的国际努力方面，参与者是国家，对应的公共物品是与基准情景相比所减少的温室气体排放量，目标是确保每个人都合作以达到给定的最佳减排水平。基于此，博弈论是分析主权国家在这种情况下的策略行为的标准方法

（Heitzig et al.，2011）。国际环境合作的模型根据政府的效用函数规范和采用的稳定概念方面可以大致分为两组，包括简化博弈模型和动态博弈模型（Asheim et al.，2006）。在减排合作研究中简化博弈模型（Barrett，2016）和动态博弈模型都得到很多应用。

IAM 在气候变化研究领域获得广泛的关注。应对全球变暖的挑战艰巨，因为它涉及许多学科，包括自然科学、社会科学和社会各个领域。在分析气候变化问题时，既要考虑到经济系统对地球系统的影响，也要考虑到地球系统对经济系统的反馈作用。因此，需要将来自两个或多个领域的知识集成到单个模型框架下来分析气候变化问题，这种模型即气候变化综合评估模型（Weyant，2017）。IAM 能够全面地反映经济活动产生碳排放，从而对大气浓度和气候循环产生影响，进而反馈给人类和自然系统，识别和刻画这些影响有助于确定最优的气候政策（Nordhaus，W. D.，2017）。IAM 被用于研究减排合作的各个方面，例如减排合作的成本有效性（Tol，1999）、合作联盟的稳定性（Nordhaus，2015）、技术溢出对于合作的影响。

CGE 模型源于瓦尔拉斯一般均衡理论，通过使用一组联立方程来描述宏观经济体系中不同主体（居民、企业、政府）之间的相互作用（Liang et al.，2007a）。商品和服务在经济体中循环流动。生产部门通过购买劳动和资本等要素来进行生产，同时通过提供商品和服务来满足最终消费（Jacoby et al.，2006）。价格决定商品的供给和需求。CGE 模型能够捕获外部冲击的直接和间接影响，被广泛用于分析各种政策的社会经济影响。在减排合作领域，CGE 模型用来探讨不同减排合作政策的影响，比如气候政策国际合作的宏观经济效益（Paroussos et al.，2019），以及国际碳市场链接的经济和减排影响（Li et al.，2019；Oliveira et al.，2020）。

在所涉及的研究区域方面，中国和印度等发展中国家以及美国和欧盟等发达区域受到的关注较多。发展中国家面临经济发展和减排的双重压力，这些国家是否参与减排对于能否有效应对气候变化起着决定性作用。此外，美国和欧盟作为世界上庞大的经济体，在气候减排问题上的态度影响着发展中国家的减排决策。例如美国多次退出国际气候协定阻碍了全球气候治理的进程。欧盟开展的碳市场则是其他各国实施减排政策的参照。这些区域在气候减排上的合作程度决定着全球减排目标能否顺利实现。主要研究涉及各区域之间建立合作联盟的稳定性分析（Bahn et al.，2009），以及关于区域间技术合作和碳市场链接的分析（Oliveira et al.，2020；Paroussos et al.，2019；Rennkamp and Boyd，2015）。

本书围绕应对气候变化合作减排中的一系列关键科学问题，从复杂系统理论出发，采用可计算一般均衡模型、最优化模型、投入产出分析等方法，在全球各区域和中国各省（区、市）分别建立相应的综合模型，针对如下问题进行探讨：全球各区域在责任分担既定的情况下，如何尽可能提高减排的成本有效性和减排参与度；中国的各省（区、市）间如何合理分配减排责任，设计兼顾区域均衡发展的减排合作机制来提高总体减排效率。具体来说，在全球各区域层面，针对如何应对不合作行为以提高减排参与度，碳中和目标下开展跨区域碳市场合作以促进政策的一致性，以及全球不同合作方式对中国经济和能源需求的影响展开分析。在中国各省（区、市）层面，分析不同的碳排放核算原则下中国省（区、市）间排放责任分担和实施碳税的税费和部门竞争力影响，以及考虑各省（区、市）贸易部门的生产技术异质性，探讨各省（区、市）贸易相关排放责任分担和识别关键的减排决策点，为中国省（区、市）间合作减排提供政策建议。

本书的总体研究框架如图1-5所示，据此本书分为六章。

第一章　绪论。本章主要介绍了合作减排对于应对气候变化和提高减排成本有效性的重要意义，借助文献计量分析方法探讨气候减排合作领域的研究现状和发展趋势，识别主要的研究热点，同时阐述了本书的研究目的和意义，介绍了研究框架和结构安排。

第二章　促进全球气候合作的参与率：边境碳调整与统一关税措施的比较分析。在实施减排合作的过程中，通常会出现部分地区不合作的现象。如何应对减排不合作行为对于提高总体减排效率和减排有效性至关重要。当出现非合作地区时，为了保障减排地区的经济效益以及促使非减排地区加入减排联盟，减排地区将针对非合作区域采取相应的政策，如边境碳调整和统一关税措施。基于此，本章借助静态的全球多区域可计算一般均衡模型，同时考虑前期美国退出《巴黎协定》这一现实背景，对比分析了减排区域实施三种不同的应对措施对于美国的影响，主要包括边境碳调整和基于税收收入与基于碳减排量设置的两种统一关税措施。通过分析不同措施对于全球各减排地区和美国的碳排放、GDP 以及福利的影响，探讨何种措施更能促使美国实施减排政策，并加入全球减排联盟。

第三章　促进全球气候合作的政策一致性：跨区域碳市场合作的经济和环境影响分析。本章主要探讨了开展全球跨区域碳市场合作对于实现碳减排目标的成本有效性和社会经济的影响。在多种碳减排政策中，碳交易作为基于市场的主要的减排措施逐步被各国、各地区采纳并实施，比如目前建立的欧盟碳市场和中国开展的全国碳市场。未来开展跨区域碳市场合作被认为是有效实现减排目标的重要手段。基于此，本章采用动态的全球多区域可计算一般均衡模型，从未来各区域碳市场建立统一的合作交易机制出发，分析链接不同地区碳市场对于实现各区域减排目标的影响。具体而言，通过详细设计碳市场不合作、主要排放地区合作、碳市场完全合作等不同政策情景来更全面地评估碳市场合作的经济社会、能源和环境影响，针对区域间碳市场合作提供决策支持。

第四章　全球不同减排合作方式的影响评估：基于纳入能源要素的 RICE-China 模型。RICE 模型是一个全球多区域气候变化综合评估模型，但是并未考虑区域内部的能源结构特征。本章主要细化了气候变化综合评估模型 RICE 中的中国能源建模结构，通过引入能源要素扩展了传统的 RICE 建模框架，自主构建了 RICE-China 模型，实现了对不同种类能源需求的细致刻画，并基于该模型分析了温控目标约束下全球各区域间不同合作方式对中国经济和能源需求的影响。

第五章 中国省（区、市）间排放责任与合作减排机制分析：基于生产侧和消费侧排放原则。本章基于中国多区域投入产出模型，分析不同碳排放核算原则下，中国实施碳定价政策对各省（区、市）的经济影响，并结合国家区域发展战略，探讨主要的省（区、市）间减排合作措施。具体来说，考虑到中国各区域发展不均衡、碳排放差异大，为了区别不同省（区、市）间的碳排放责任，选择采用多区域投入产出模型进行分析。以中国各省（区、市）为研究对象，基于生产侧和消费侧两种不同的碳排放核算原则，评估中国实施碳税对于各省（区、市）的税负和部门短期竞争力的影响。根据研究结果以及结合国家主要的区域发展战略，分析中国省（区、市）间的联合履约机制，就各区域间可行的合作方式（资金支持和技术转让）给出具体建议。

第六章 中国省（区、市）间排放责任分担修正研究：基于生产技术异质性的多区域投入产出分析。我国省（区、市）间贸易相关碳排放占排放总量的很大比重。然而，基于消费侧的排放核算原则未能就与贸易相关的减排政策提供恰当的激励。因此，本章基于新提出的排放责任分配原则，考虑双边贸易部门的碳强度异质性，分析中国省（区、市）间贸易对碳排放的影响，并建立贸易相关排放的奖励和惩罚机制。通过敏感性分析识别不同地区和不同部门的碳效率改进关键点。本章的研究可以为通过中国省（区、市）间贸易调整和区域合作来降低碳排放提供新的信息。最后是全书的总结与展望。针对全书通过建模分析得到的主要结论和政策启示进行总结，并归纳本书的创新点。此外，还指出当前研究存在的问题和改进方向，对未来有待研究的领域进行展望。

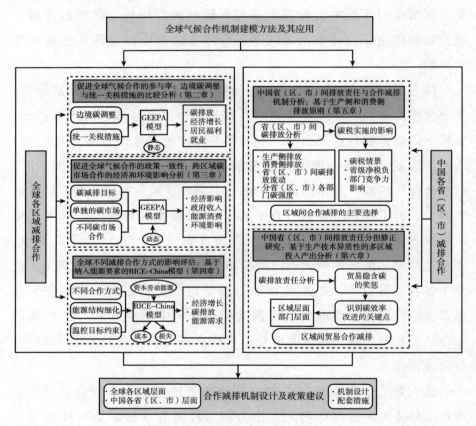

图 1-5　研究框架与结构安排

第二章 促进全球气候合作的参与率：
边境碳调整与统一关税措施的比较分析[*]

在历次气候变化合作谈判中，如何保护实施碳减排政策国家的利益以及促使非减排国家参与减排合作一直是最关键的议题之一。局部或非全球性的气候政策对于应对气候变化具有重要意义。然而，在缺少辅助措施的情况下，减排成本由实施减排政策的国家承担，而减排收益却由所有国家共享，这使减排国家的利益难以得到保障。已有研究分析了气候俱乐部作为国际气候政策合作的一种方式的有效性（Nordhaus，2015），其研究表明如果不对非减排国家采取相应的制裁措施，则不存在稳定的合作减排联盟；即使存在一些局部的减排合作联盟，所能实现的减排力度也是有限的。关于维护减排国家的利益以及促进非减排国家实施减排政策的措施方面，一般有两种主要方式，一是边境碳调整（Border Carbon Adjustment，BCA），也称碳关税，即减排区域对于来自非减排区域的进口商品根据含碳量以国内碳价水平进行征税（Böhringer et al.，2016）；二是统一关税措施，即减排区域对于来自非减排区域的所有进口商品征收统一比例的额外关税（Nordhaus，2015）。

---

[*] 本章内容主要源自英文期刊《气候变化经济学》2020年第11卷发表的张坤、梁巧梅、魏一鸣等撰写的《促进参与减缓气候变化的机制影响：边境碳调整与统一关税措施》，并根据最新研究动态有所调整。

关于这些辅助措施的研究大多聚焦实施效果评估方面，比如降低碳泄漏和保护国内竞争力（Branger and Quirion，2014；Liang et al.，2016；McKibbin et al.，2018；Winchester et al.，2011）。部分研究探讨关税是否是一种促使非减排区域加入减排合作的有效的辅助机制。Böhringer 等（2016）构建了一个纳什均衡博弈模型来分析碳关税的战略价值，结果指出当减排联盟（欧盟、美国等国家或地区）对非减排区域（中国、俄罗斯等国家）实施关税政策时，会促进非减排区域加入减排合作中。Nordhaus（2015）探讨不同碳价水平下，采用统一关税措施促进非减排区域加入气候俱乐部的效果，结果指出低碳价水平下（25 美元/吨 CO_2），较低的关税水平就可以促进其加入减排合作，而随着碳价的升高合作均衡越来越难实现。

上述研究是单方面分析 BCA 和统一关税措施的影响，而很少在一个综合框架下比较二者对于非减排区域的影响。因此，本章的贡献在于在一个综合框架下探讨 BCA 和统一关税措施的影响。在既有研究中，Winchester（2018）比较分析了 BCA 和福利最大化的关税措施对于促进非减排国家实施减排措施的效果。然而本书在统一关税措施的设置上有所不同。具体来说，在统一关税情景下，进一步考虑两种设计方案来确定关税的税率。第一，根据税收相等原则，假设在关税情景下，当各减排区域对美国实施统一关税措施时所获得的税收收入和 BCA 情景下相同。第二，根据碳减排相同原则，假设在关税情景下全球的碳减排和 BCA 情景下相同。因此，本书不仅对比分析了 BCA 和统一关税措施对于非减排区域的影响，更进一步探讨了不同的统一关税措施设置方案的影响。此外，本书考虑了两种碳价政策，分别是 25 美元/吨 CO_2 和 50 美元/吨 CO_2。前者是本书的基本分析内容，后者为了验证研究结果的稳健性，进一步讨论了不同的碳价政策的影响。

第一节　全球能源环境政策分析模型：C³IAM/GEEPA

一　模型框架介绍

（一）模型区域和部门划分

可计算一般均衡（Computable General Equilibrium，CGE）模型是从经济整体层面对各种能源和环境政策实施效果进行评估的有力工具，得到了研究人员的广泛使用。本书采用的全球能源和环境政策分析（Global Energy and Environmental Policy Analysis，GEEPA）模型是由北京理工大学能源与环境政策研究中心开发的中国气候变化综合评估模型（China Climate Change Integrated Assessment Model，C³IAM）中的重要子模块。C³IAM/GEEPA 模型的基本框架如图 2-1 所示（魏一鸣等，2023）。

C³IAM/GEEPA 模型是一个全球多区域多部门可计算一般均衡模型，包含全球 12 个区域（见表 2-1）和 27 个部门（见表 2-2）。该模型包含 6 个基本模块，即生产模块、收入模块、支出模块、投资模块、贸易模块和环境模块。在环境模块中区分了能源相关的碳排放和活动相关的碳排放，使模型能够针对不同的能源环境政策进行灵活的扩展和优化。和其他全球 CGE 模型一样，GEEPA 模型刻画了宏观经济系统中各行为主体（如政府、企业和居民）之间的相互关系，并且详细描述了各种主要能源（包括煤炭、原油、天然气、电力等）的生产、需求以及贸易等活动。GEEPA 模型目前已被应用于不同的能源和气候政策影响研究，包括不同共享社会经济路径下的《巴黎协定》评估（Wei et al.，2018），以及中美贸易摩擦的经济和能源环境影响分析（Liu，L. -J. et al.，2020）。

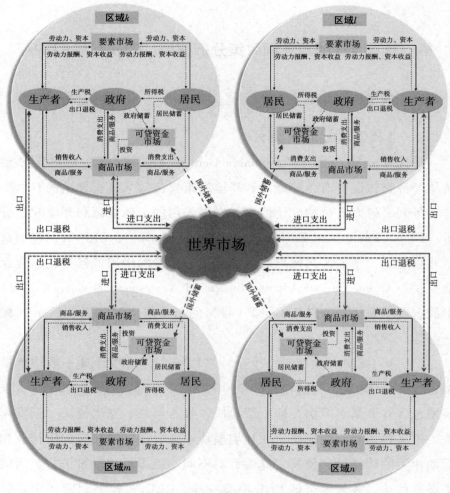

图 2-1 C³IAM/GEEPA 模型的基本框架

资料来源：该模型框架源自魏一鸣、梁巧梅等（2023）。

表 2-1 C³IAM/GEEPA 模型的 12 个区域描述

代码	区域	具体描述
USA	美国	United States of America
CHN	中国	China
JPN	日本	Japan

续表

代码	区域	具体描述
RUS	俄罗斯	Russian Federation
IND	印度	India
OBU	其他伞形集团	Other Branches of Umbrella Group（Canada, Australia, New Zealand）
EU	欧盟	European Union 28 countries
OWE	其他西欧国家	Other Western European Developed Countries
EES	东欧独联体	Eastern European CIS excluding Russian Federation
ASIA	亚洲其他国家	ASIA excluding China, India, Japan
MAF	中东和非洲	Middle East and Africa
LAM	拉丁美洲	Latin America

表 2-2　C^{3}IAM/GEEPA 模型的 27 个部门描述

编号	代码	部门	GTAP 数据库的部门划分
1	pdr	水稻	Paddy rice
2	wht	小麦	Wheat
3	gro	谷物	Cereal grains, not elsewhere classified（n. e. c.）
4	v_f	农产物	Vegetables, fruit, nuts
5	osd	油籽	Oil seeds
6	c_b	糖料	Sugar cane, sugar beet
7	pfb	纤维	Plant-based fibers
8	ocr	农作物	Crops n. e. c.
9	ctl	家禽	Cattle, sheep, goats, horses
10	oap	畜禽产品	Animal products n. e. c.
11	rmk	原料乳	Raw milk
12	wol	毛织品	Wool, silk-worm cocoons
13	frs	林业	Forestry
14	fsh	渔业	Fishing
15	Coal	煤炭	Coal

编号	代码	部门	GTAP 数据库的部门划分
16	Oil	石油	Oil
17	Gas	天然气	Gas
18	OtherMin	其他矿物质	Minerals, not elsewhere classified(n. e. c.)
19	EintMnfc	能源密集型制造业	Paper products, publishing; Chemical, rubber, plastic prods; Mineral products n. e. c.; Ferrous metals; Metals n. e. c.; Metal products
20	Roil	成品油	Petroleum, coal products
21	OtherMnfc	其他制造业	Motor vehicles and parts; Transport equipment n. e. c.; Electronic equipment; Machinery and equipment n. e. c.; Manufactures n. e. c.; Meat: cattle, sheep, goats, horse; Meat products n. e. c.; Vegetable oils and fats; Dairy products; Processed rice; Sugar; Food products n. e. c.; Beverages and tobacco products; Textiles; Wearing apparel; Leather products; Wood products
22	Elec	电力	Electricity
23	FuelGas	燃气	Gas manufacture, distribution
24	Water	水	Water
25	Cons	建筑	Construction
26	TransService	交通服务业	Transport n. e. c.; Sea transport; Air transport
27	OthServices	其他服务业	Communication; Financial services n. e. c.; Insurance; Business services n. e. c.; Recreation and other services; Pub Admin, Defence, Health, Educat; Dwellings; Trade

（二）生产和消费

生产模块描述各区域内部的生产关系，假设每个部门只生产一种产品，每个部门的投入包括劳动、资本、能源以及其他中间商品。此外，各部门的生产结构用嵌套的固定替代弹性（Constant Elasticity of Substitution，CES）函数来表示，如方程 2.1 所示。

$$Y_{i,r} = \mathrm{CES}(X_{j,r};\rho) = A_i \cdot \left(\sum_j \alpha_{j,r} \cdot X_{j,r}^{\rho} \right)^{\frac{1}{\rho}} \tag{2.1}$$

其中，$Y_{i,r}$ 表示 r 地区 i 部门的产出；$X_{j,r}$ 表示 r 地区 j 部门的投入；A_i 为规模参数；$\alpha_{j,r}$ 为份额参数；$\rho = \dfrac{1}{1-\sigma}$ 为替代参数，σ 为替代弹性。

考虑到不同部门的生产特点，本书将所有部门划分为四种类型，包括一般经济部门（见图 2-2）、农业部门（见图 2-3）、一次能源部门（见图 2-4）和电力部门（见图 2-5）。在每一层的嵌套结构中，三角形结构表示 CES 嵌套，直角结构表示里昂惕夫（Leontief）嵌套，意味着要素之间不能相互替代。与其他 CGE 模型类似，生产函数的替代主要包括电力（Elec）与非电力组合（Non-Elec bundle）的替代，以及能源组合（Energy Aggregate）与劳动（Labor）、资本（Capital）之间的替代。对于农业部门而言，生产函数的顶层允许土地（Land）和其他组合（KEL-Materials bundle）之间进行替代，使生产者可以使用土地来换取能源和中间投入。对于一次能源部门（煤炭、石油和天然气）而言，生产函数的顶层允许特定的资源（Fuel Specific Resource）与其他投入（Non-Resource）之间进行替代。

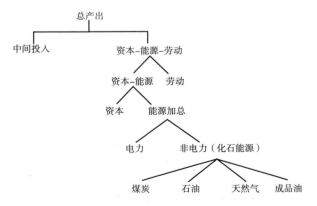

图 2-2　一般经济部门的生产结构

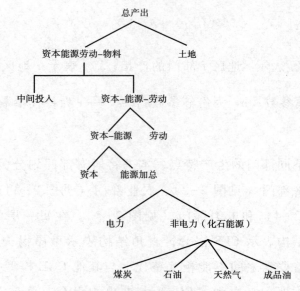

图 2-3　农业部门的生产结构

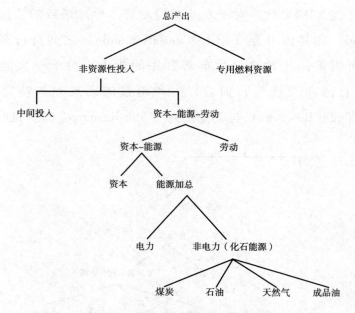

图 2-4　一次能源部门的生产结构

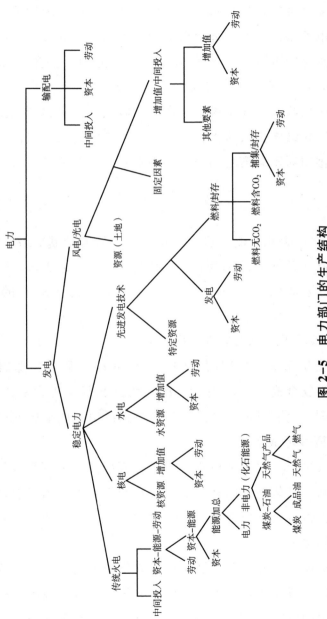

图 2-5　电力部门的生产结构

在电力部门，生产结构反映了多种发电技术的相互替代，包括煤炭、石油和天然气等传统化石能源发电技术，风能、太阳能和水能等清洁能源发电技术，以及碳捕集与封存（Carbon Capture and Storage，CCS）等先进的发电技术，例如结合生物质能的碳捕集与封存技术（Biomass Energy with CCS，BECCS）。

关于居民的收入和支出模块，居民的收入主要来自劳动报酬和资本收益。居民在缴纳个人所得税之后获得可支配收入。居民的可支配收入用于储蓄与对不同商品和服务的消费（见方程 2.2）。

$$Qh_{i,r} = \frac{cles_{i,r} \cdot (1 - mps_r) \cdot YD_r}{PQ_{i,r}} \tag{2.2}$$

其中，$Qh_{i,r}$ 表示 r 地区居民对第 i 种商品的消费，$cles_{i,r}$ 表示 r 地区居民对第 i 种商品的消费份额，$PQ_{i,r}$ 表示 r 地区第 i 种商品的价格，YD_r 为 r 地区的居民可支配收入，mps_r 为 r 地区的居民储蓄率。

（三）国际贸易、政府收入和投资

在国际贸易模块，采用阿明顿（Armington）假设，即假设国内供给的商品为复合商品，由国内生产的商品和复合进口品以 CES 函数进行不完全替代而形成。其中，复合进口品由不同地区的进口商品以 CES 函数嵌套形成。

政府收入主要来自各种税收，如居民所得税、企业间接税和关税收入，以及来自其他地区的转移支付。政府收入主要用于消费、对于居民的转移支付以及出口退税。在特定时期内，政府的收入和支出之差形成政府储蓄。

对于投资模块，假设总投资由存货变化和固定资本形成两部分构成。各部门的存货变化定义为部门产出的固定比例，各部门的固定资本形成由外生的资本构成矩阵确定。在每一时期都有投资等于储蓄。

关于市场出清，模型假设商品和资本市场是出清的。商品的总供给等于总需求。所有部门的总资本需求等于总资本供给。对于劳动力市场，假设充分就业。

（四）排放核算

关于排放核算，GEEPA 模型既考虑了二氧化碳等温室气体排放，也考虑了其他污染物的排放，包括氮氧化物、二氧化碳、二氧化硫等。此外，对于碳排放的核算，不仅考虑了能源相关的碳排放，也考虑活动相关的碳排放。能源相关的碳排放由能源消费和相应的能源排放因子通过计算得到。活动相关的碳排放由各类生产活动乘以相应的排放因子以及去除率得到。

（五）数据来源和参数校准

CGE 模型的数据基础是基于投入产出表和各种统计数据编制的社会核算矩阵（Social Accounting Matrix，SAM）表。其中，投入产出表仅包含生产性部门之间的投入产出流量关系，不包括非生产性部门之间的物流和资金流关系（张欣，2017）。SAM 表不仅考虑了生产账户和其他账户（消费、政府和投资等）本身的数量关系，还包含这些账户之间的相互关系，即第四象限的交易矩阵。GEEPA 模型基于全球贸易分析（Global Trade Analysis Project，GTAP）数据库（Aguiar et al.，2016）编制各区域的 SAM 表。GTAP 9 数据库包含了全球 140 个区域和 57 个部门，提供了 2011 年各地区的宏观经济和双边贸易等数据，是全球 CGE 模型的关键数据。此外，研究所需的能源数据也来自 GTAP 9 数据库，同时参考 2013 年国际能源署公布的能源平衡表（IEA，2013）。

排放相关数据来自温室气体和空气污染相互作用和协同（Greenhouse Gas-Air Pollution Interactions and Synergies，GAINS）数据库（GAINS，2018）。社会经济数据如 GDP 和人口数据来自共享社会经济路径（Shared Socioeconomic Pathways，SSP）数据库。SSP 数据库展示了未来 5 种发展路径，本书选取 SSP 2 作为基准情景，因为 SSP 2 提供了在未来减缓和适应气候变化挑战方面的一条中间道路的发展模式，被认为是关于历史经验的延伸（Fricko et al.，2017）。

模型参数设置包括两个方面，一方面是内生参数的校准，根据模型的基期数据计算得到，包括份额参数和规模技术参数；另一方面是各种外生参数，包含各种替代弹性等（Liang et al.，2014；Wing，2008）。

二　模拟情景设置

本书目的在于分析实施减排政策的区域如何保护自身的经济利益以及促进非减排区域加入减排合作联盟。考虑到美国退出《巴黎协定》，因此选取美国为非减排区域，而其他 11 个区域则实施减排政策。参考目前较为成熟的欧盟碳市场的碳价水平，选取碳价为 25 美元/吨 CO_2。本书采用的是静态的 GEEPA 模型，主要设置了五种情景（见表 2-3）。

表 2-3　模拟情景描述

情景	具体描述
CP-noUSA	11 个区域实施碳价(Carbon Price,CP)，美国不参与
BCA	CP + 对美国实施 BCA
Tariff-revenue	CP + 对美国实施统一关税措施,税率根据收入确定
Tariff-carbon-reduction	CP + 对美国实施统一关税措施,税率根据减排量确定
All-CP	全球实施统一的碳价政策

除美国外所有区域碳定价（CP-noUSA 情景）：减排区域实施碳价政策，美国不参与减排。

对美国实施边境碳调整措施（BCA 情景）：在 CP-noUSA 情景的基础上，减排区域对美国实施 BCA 政策，针对来自美国的进口商品根据含碳量实施和国内相同的碳价。

对美国实施基于收入的统一关税措施（Tariff-revenue 情景）：在 CP-noUSA 情景的基础上，减排区域对美国采取统一的关税提高措施，关税的提高幅度内生决定。此时，各区域对美国的额外关税收入等于 BCA 情景下各区域对美国的关税收入。

对美国实施基于碳减排的统一关税措施（Tariff-carbon-reduction 情景）：在 CP-noUSA 情景的基础上，减排区域对美国采取统一的关税提高措施，关税的提高幅度内生决定。该情景下全球碳减排量与 BCA 情景相同。

全球统一碳定价（All-CP 情景）：全球各区域实施统一的碳价政策。

值得注意的是，在对美国实施基于收入的统一关税措施（Tariff-revenue 情景）中，各区域的关税收入分别与对美国实施边境碳调整措施（BCA 情景）下的关税收入相同，由此确定的各减排区域对美国出口商品所提高的关税税率是不同的。而对于每个区域来说，假设其对美国不同出口部门实施的关税税率是相同的，在对美国实施基于碳减排的统一关税措施（Tariff-carbon-reduction 情景）中，全球碳减排与对美国实施边境碳调整措施（BCA 情景）下的碳减排相同，假设所有减排区域对美国不同出口部门的关税提高幅度相同。此外，对于每个区域来说，假设其对美国不同出口部门的关税提高幅度也是相同的。

第二节 结果与讨论

一 不同情景下实施碳价政策对碳排放的影响

图 2-6 表示不同情景下实施碳价政策对于各区域的碳减排影响。在各情景下，碳价对中国的碳排放影响最大。具体来说，各情景下中国的碳减排幅度平均值为 40.2%，其次是印度和东欧独联体，碳减

排幅度平均值分别为 25.8% 和 20.2%。日本的碳减排幅度最小（8.3%）。在美国不参与减排的四种情景下，全球的碳减排幅度平均值为 19.4%，如果美国实施碳减排政策，则全球的碳减排幅度平均值可以达到 23.2%。这一结果和 Nordhaus（2015）的研究相似，其结果显示当全球实施 25 美元/吨 CO_2 的碳价时，全球碳排放相比于基期降低了 18%。

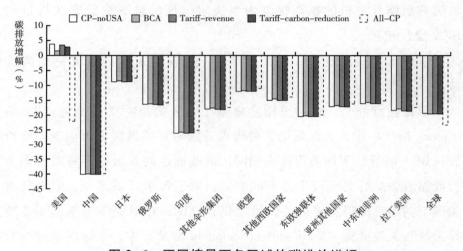

图 2-6　不同情景下各区域的碳排放增幅

注：图中各情景含义如下，除美国外所有区域碳定价（CP-noUSA 情景），对美国实施边境碳调整措施（BCA 情景），对美国实施基于收入的统一关税措施（Tariff-revenue 情景），对美国实施基于碳减排的统一关税措施（Tariff-carbon-reduction 情景），全球实施统一碳定价（All-CP 情景）。余图同。

对于美国而言，在除美国外所有区域碳定价（CP-noUSA 情景），当美国不实施碳价政策时，由于存在碳泄漏的影响，美国的碳排放反而增长 3.8%。具体来说，实施碳减排政策的区域碳排放的成本增加，为非减排区域扩大自身生产和出口到减排区域提供了激励。这些非减排区域的碳排放增长将会抵消一部分其他减排区域的降低碳排放的努力，这种现象被称为碳泄漏。相反，如果减排区域对美国采取相应的应对措施，则美国碳排放增长幅度将会下降。具体来说，在对美国实施边境碳调整措施（BCA 情景）下，如果减排区域对从美国进口的商品实施碳关税，则美国的碳排放增幅将减少到 1.5%。因此，BCA 措施的实施可以有效减少美国的碳泄漏。此外，如果减排区域对从美国进口的商品实施统一关税措施，美国的碳排放增幅将大于对美国实施边境碳调整措施（BCA 情景）下的碳排放增幅。具体来说，在对美国实施基于收入的统一关税措施（Tariff-revenue 情景）下，美国的碳排放增长 3.5%；而在对美国实施基于碳减排的统一关税措施（Tariff-carbon-reduction 情景）下，美国的碳排放增长 2.7%。这一结果表明统一关税措施在降低碳泄漏方面的效果低于 BCA 措施。

当美国也实施碳价政策时，其碳排放将大幅减少。例如，在全球统一碳定价（All-CP 情景）下，美国的碳排放降低 22%。然而值得注意的是，虽然 BCA 措施在减少碳泄漏方面比统一关税措施更有效，但它在实际应用中仍存在一些问题，比如其在世界贸易组织法律条约下的合法性问题，以及如何确定进口商品隐含的碳排放。合理解决这些问题是 BCA 措施顺利实施的关键。

此外，图 2-6 显示当美国加入减排合作联盟（All-CP 情景）时，其他区域的碳排放将会增长，减排幅度降低。值得注意的是，这并不是由于美国对这些区域的碳泄漏，因为美国对这些区域的出口是降低的。这些地区碳排放的增长是由于其国内产出和需求的增加。具体来说，首先，本书中核算的能源相关的碳排放包括中间投入和消费产生的碳排放。其次，当美国也实施碳价政策时，美国国内的商品价格会上涨，从而增加对其他区域的商品需求，即美国对其他区域的进口将会增加。因此，其他区域将增加对美国的出口，进而增加了总产出，使得碳排放增加。

相比之下，如果美国实施碳价政策，其他区域对美国的进口将减少。然而，由于相对价格的变化，这些地区倾向于增加来自其他不同区域而不是美国的商品进口，导致其总进口增加以及国内总需求增加。例如，在表 2-4 中，对于中国来说，当美国实施碳价政策时（All-CP 情景），与对美国实施边境碳调整措施（BCA 情景）相比，中国出口总额增长 0.12%。此外，虽然中国从美国的进口有所下降，但由于从其他地区的进口增加，中国的进口总额增长 0.14%。中国进口的增加也提高了国内总需求。综上所述，各区域总产出和总需求的增加使得中间投入和消费增加，从而带来碳排放增加。因此，图 2-6 表明，与对美国实施边境碳调整措施（BCA 情景）相比，当美国加入减排合作联盟（All-CP 情景）时，其他区域的减排幅度有所降低。

表 2-4　不同情景下中国对其他各区域的进口和出口变化
（All-CP 情景相对于 BCA 情景）

单位：%

	区域	进口变化	出口变化
USA	美国	−1.48	1.21
ASIA	亚洲其他国家	0.19	−0.05
EES	东欧独联体	−0.13	−0.46
EU	欧盟	0.07	0.00
IND	印度	−0.30	0.18
JPN	日本	−0.11	0.15
LAM	拉丁美洲	0.54	−0.54
MAF	中东和非洲	1.29	−1.20
OBU	其他伞形集团	0.64	−0.31
OWE	其他西欧国家	0.15	−0.22
RUS	俄罗斯	−0.12	−0.89
	总计	0.14	0.12

二 不同情景下实施碳价政策对 GDP 的影响

图 2-7 给出了不同情景下，实施碳价政策对各区域 GDP 的影响。当全球实施 25 美元/吨 CO_2 碳价时，在各种情景下，俄罗斯受到的经济损失最大，各种情景下其 GDP 损失率平均约为 1.02%。其次是东欧独联体和中国，平均损失率分别约为 0.92% 和 0.57%。除美国之外，其他西欧国家遭受的经济损失最小，各种情景下其 GDP 平均损失率为 0.06%。对于全球经济影响而言，碳价政策导致全球 GDP 平均损失率约为 0.21%。其中，在除美国外所有区域碳定价（CP-noUSA 情景）下全球 GDP 损失率最小（0.2%）。在全球统一碳定价（All-CP 情景）下全球 GDP 损失率最大，约为 0.23%。

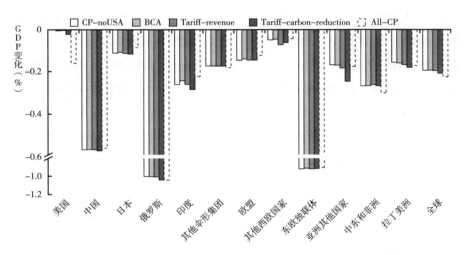

图 2-7 不同情景下实施碳价政策对各区域 GDP 的影响

注：考虑到刻度会拉长，做采用压缩的模式。余图同。

对于美国而言，在除美国外所有区域碳定价（CP-noUSA 情景）下，当美国不实施减排政策，而其他区域又不采取任何应对措施时，美国 GDP 变化不大；而如果其他区域对美国采取制裁措施，美国

GDP 会降低。然而，在不同的政策情景下，美国的 GDP 损失率有所不同。例如，在对美国实施边境碳调整措施（BCA 情景）时，如果其他减排区域对于美国的出口实施碳价政策，美国的 GDP 损失率会有所提高，但幅度较小。而如果其他减排区域对美国实施统一的关税措施，美国的 GDP 损失率则会因为关税的实施原则不同而存在差异。例如，在对美国实施基于收入的统一关税措施（Tariff-revenue 情景）时，美国的 GDP 损失率为 0.005%，略低于对美国实施边境碳调整措施（BCA 情景）时的 GDP 损失率。表 2-5 给出了对美国实施基于收入的统一关税措施下各区域对于美国的关税提高幅度。各区域的统一关税提高幅度平均为 5.48%。然而，在对美国实施基于碳减排的统一关税措施（Tariff-carbon-reduction 情景）下，美国的 GDP 损失率会提升至 0.03%，此时各区域统一关税提高幅度平均为 5.2%。最后，在全球统一碳定价（All-CP 情景）下，当所有区域实施碳价政策时，美国的 GDP 损失率为 0.16%。尽管全球统一碳定价（All-CP 情景）下美国的 GDP 损失率与其他情景相比有所提高，但仍远低于全球平均 GDP 损失率。

表 2-5 对美国实施基于收入的统一关税措施下各区域
对于美国的统一关税提高幅度

单位：%

	区域	统一关税提高幅度
CHN	中国	5.1
JPN	日本	5.1
RUS	俄罗斯	5.0
IND	印度	5.1
OBU	其他伞形集团	5.5
EU	欧盟	6.0
OWE	其他西欧国家	7.1

续表

	区域	统一关税提高幅度
EES	东欧独联体	5.1
ASIA	亚洲其他国家	5.3
MAF	中东和非洲	5.3
LAM	拉丁美洲	5.7

因此，在美国不实施减排政策的情况下，其他减排区域选择何种辅助措施取决于其实施目的。如果减排区域倾向于降低美国的碳泄漏，则应该采取 BCA 措施。因为与实施统一关税措施情景相比，对美国实施边境碳调整措施（BCA 情景）时美国碳排放的增长幅度更小。如果减排区域倾向于通过提高美国的 GDP 损失率来促使美国采取减排政策，则应该对美国实施基于碳减排的统一关税措施（Tariff-carbon-reduction 情景）。然而，在对美国实施基于碳减排的统一关税措施（Tariff-carbon-reduction 情景）下，大多数减排区域的 GDP 损失率略高于对美国实施边境碳调整措施（BCA 情景）时的 GDP 损失率。

关于美国加入减排合作联盟后其他地区 GDP 损失率产生变化的原因如下。首先 GDP 由消费、投资和净出口共同决定。对于美国而言，当实施碳价政策时，美国的商品价格会上升，出口降低，从而使 GDP 损失增加。对于其他区域而言，当美国实施碳价政策时，其他区域对美国的出口将会增加，也将影响这些区域的消费和投资。具体来说，与对美国实施基于碳减排的统一关税措施（Tariff-carbon-reduction 情景）相比，在全球统一碳定价（All-CP 情景）下，当美国实施碳价政策时，由于国内消费和出口的变化，大多数区域的 GDP 损失率有所降低，而其他伞形集团（OBU）及中东和非洲（MAF）地区的 GDP 损失率进一步提高，这主要是因为这两个区域出口的增长无法抵消消费的下降，从而导致 GDP 损失的增加。例如，与对美国实施基于碳减排的统一关税措施（Tariff-carbon-reduction 情景）相比，全球统一碳定价（All-CP 情景）下中国出口增长 0.58%，进口下降 0.09%。此外，居民消费增长 0.08%，投资降低 0.44%。综合上述因素的变化，中国的 GDP 损失率最终降低 0.01 个百分点。对于 GDP 损失增加的区域而言，如中东和非洲（MAF），其消费的下降幅度超过出口的增长幅度，使其 GDP 损失率额外增加了 0.03 个百分点。综上所述，当美国加入减排合作联盟时，不同地区的进口和出口的变化，以及对国内消费和投资的影响，使得各区域的 GDP 损失变化情况有所不同。

从上述分析可知，在本书所考虑的三种情景中，目前的统一关税情景仍不足以促使美国加入减排合作联盟，因为美国加入碳减排合作中的 GDP 损失仍大于统一关税措施情景下的 GDP 损失。因此，为了分析美国加入减排联盟的情景，本书进一步提高关税税率，考虑了美国参与碳减排（Tariff-USA-join 情景）。在该情景下，就 GDP 损失而言，如果其他区域对美国的统一关税增加到 7.8%，美国将选择加入减排联盟。图 2-8 体现了两种情景下美国的 GDP 损失。结果显示当其他区域对美国进口的统一关税提高到 7.8% 时，在美国参与碳减排（Tariff-USA-join 情景）下，美国的 GDP 损失将会等于全球统一碳定价（All-CP 情景）下美国的 GDP 损失。因此当其他区域承诺对美国实施比该情景下更严重的惩罚性关税时，美国将愿意加入减排联盟中。然而，值得注意的是，在美国参与碳减排（Tariff-USA-join 情景）下，其他地区也将面临较大的 GDP 损失，这意味着关税措施是一把"双刃剑"，在促使美国参与减排的过程中，各区域也将承担相应的经济损失。

最后，对不合作区域实施关税措施，有可能导致它们采取惩罚性关税政策来回应，这是利用关税作为武器来鼓励其他国家实施减排政

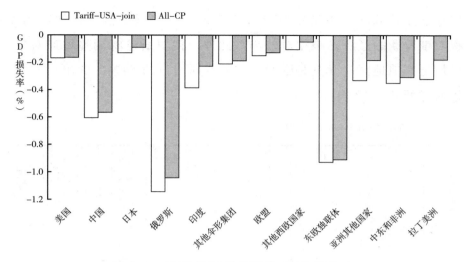

图 2-8　两种情景下美国的 GDP 损失率

注：图中各情景含义如下，其他地区提高关税税率促使美国参与碳减排
（Tariff-USA-join 情景），全球统一碳定价（All-CP 情景）。

策的潜在危险之一。因此，本书进一步分析当美国对其他区域实施报
复性关税时，各区域的 GDP 变化。具体而言，在对美国实施基于碳
减排的统一关税措施（Tariff-carbon-reduction 情景）的基础上，假设
美国将提高对于其他区域的进口关税，提高幅度等于其他区域对于美
国的关税提高幅度，该情景为美国实施报复性关税（USA-punitive-
tariff 情景）。

　　图 2-9 展示了两种情景下各区域的 GDP 损失率。如前文所述，
在对美国实施基于碳减排的统一关税措施（Tariff-carbon-reduction 情
景）下各区域的 GDP 都会降低。而如果美国进一步对其他区域实施
报复性关税，其他国家的 GDP 损失基本上会进一步增加。其中，美
国的 GDP 损失增幅最大，其次是中东和非洲（MAF）与亚洲其他国
家（ASIA）。然而，该情景下俄罗斯的 GDP 损失率将下降。这主要
是因为当美国对该区域实施报复性关税时，由于俄罗斯对美国的贸易

依存度比较低（仅占俄罗斯出口的 7.2%），美国对俄罗斯加征的关税对俄罗斯的经济影响相对较小。此外，俄罗斯也将调整贸易对象，增加与其他地区（尤其是欧盟，占俄罗斯出口的 54%）的出口贸易，进而降低其 GDP 损失。

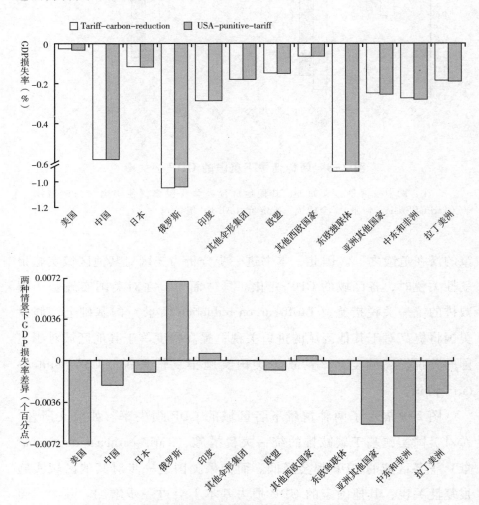

图 2-9 两种情景下各区域的 GDP 损失率及其差异

注：图中各情景含义如下，对美国实施基于碳减排的统一关税措施（Tariff-carbon-reduction 情景），美国实施报复性关税（USA-punitive-tariff 情景）。不同情况下各区域的 GDP 损失率差异为后一情景 GDP 损失率减去前一情景的 GDP 损失率。

上述结果表明，当实施减排区域使用关税措施促使非合作区域参与碳减排时，将面临来自非合作区域的报复性关税，在该情况下，大多数区域的 GDP 损失将进一步增加，这也是使用关税措施面临的潜在风险。正如现实中所发生的中美贸易摩擦一样，决策者在使用关税措施时应该注意到这些潜在的风险。

三 不同情景下实施碳价政策对福利的影响

图 2-10 表示不同情景下各区域的福利变化。本书的福利定义用希克斯等值变化来描述。结果显示除美国外，碳价的实施对中国、中东和非洲（MAF）以及欧盟的福利影响较大。在所有情景下中国的福利平均减少 730 亿美元，其次是中东和非洲（MAF，720 亿美元）和欧盟（EU，640 亿美元）。碳价对其他西欧国家（OWE）的福利影响最小，所有情景下平均损失为 110 亿美元。对于全球福利变化而言，各情景下全球总福利平均减少 2560 亿美元。其中，在除美国外

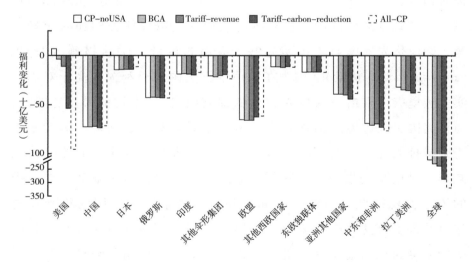

图 2-10 不同情景下各区域的福利变化（2011 年不变价）

所有区域碳定价（CP-noUSA 情景）下全球福利损失最小，约为 2130 亿美元；而在全球统一碳定价（All-CP 情景）下全球福利损失增至 3190 亿美元。

对于美国而言，在除美国外所有区域碳定价（CP-noUSA 情景）下美国的福利增加了 70 亿美元。而如果其他减排区域对美国实施制裁措施，美国的福利将会减少。但是在不同情景下美国的福利损失有所不同。具体来说，在对美国实施边境碳调整措施（BCA 情景）下，美国的福利损失为 40 亿美元。而当其他减排区域对从美国进口的商品实施统一关税措施时，美国的福利损失将增加。例如在对美国实施基于收入的统一关税措施（Tariff-revenue 情景）下，美国的福利损失增加到 110 亿美元；而在对美国实施基于碳减排的统一关税措施（Tariff-carbon-reduction 情景）下，美国的福利损失增加到 540 亿美元。

以上结果表明 BCA 措施对美国的福利变化影响较小。因此，如果减排区域对美国采取 BCA 措施，将很难迫使美国实施减排政策。如果其他减排区域倾向于实施统一关税措施以促使美国加入减排联盟，则应优先考虑对美国实施基于碳减排的统一关税措施（Tariff-carbon-reduction 情景）。因为在该情景下美国的福利损失高于对美国实施边境碳调整措施（BCA 情景的福利损失）。不过值得注意的是，与对美国实施边境碳调整措施（BCA 情景）相比，在对美国实施基于碳减排的统一关税措施（Tariff-carbon-reduction 情景）下部分其他减排区域的福利损失也将有所增加。例如在对美国实施基于碳减排的统一关税措施（Tariff-carbon-reduction 情景）下中国的福利损失比对美国实施边境碳调整措施（BCA 情景）增加了 9 亿美元。这说明如果减排区域愿意在承受福利损失的情况下惩罚非减排地区，则可以采取基于碳减排的统一关税措施。

四　不同情景下实施碳价政策对美国各部门就业的影响

图 2-11 表示当减排区域采取不同的应对措施时美国各部门就业的变化。结果显示，在对美国实施边境碳调整措施（BCA 情景）下，美国的煤炭（Coal）、石油（Oil）和天然气（Gas）部门的就业量将会增加，而成品油（Roil）、能源密集型制造业（EintMnfc）部门的就业量会有所降低。其中天然气部门的就业量增幅最大（8%），而成品油部门的就业量降幅最大（2%）。在对美国实施基于收入的统一关税措施（Tariff-revenue 情景）下，相比于对美国实施边境碳调整措施（BCA 情景），美国农业部门的就业量会出现较大幅度的增加。

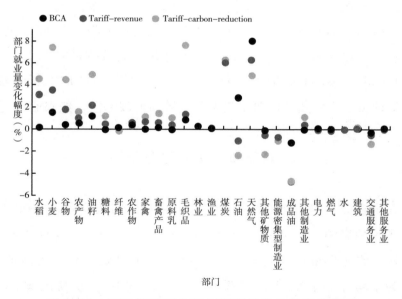

图 2-11　不同情景下美国各部门的就业量变化幅度

注：（1）图中各情景含义如下，对美国实施边境碳调整措施（BCA 情景），对美国实施基于收入的统一关税措施（Tariff-revenue 情景），对美国实施基于碳减排的统一关税措施（Tariff-carbon-reduction 情景）。

（2）能源密集型制造业数据接近而遮挡。

而这一现象在对美国实施基于碳减排的统一关税措施（Tariff-carbon-reduction 情景）下更为明显。例如，对于小麦（wht）和毛织品（wol）部门，对美国实施基于收入的统一关税措施（Tariff-revenue 情景）下的就业量增长率分别为 3.5% 和 1.4%，而在对美国实施基于碳减排的统一关税措施（Tariff-carbon-reduction 情景）下，这两个部门的就业量增长率分别为 7.4% 和 7.6%。

此外，相比于对美国实施边境碳调整措施（BCA 情景），统一关税措施（Tariff-revenue 情景）下天然气部门的就业量增长率有所下降。例如，对美国实施基于碳减排的统一关税措施（Tariff-carbon-reduction 情景），天然气部门的就业量增长率仅为 4.8%，比 BCA 情景下降低了 40%。对于成品油部门，在对美国实施基于碳减排的统一关税措施（Tariff-carbon-reduction 情景）下，该部门就业量下降了 5.4%。上述结果显示，相比于 BCA 情景，对美国实施基于碳减排的统一关税措施（Tariff-carbon-reduction 情景）对于能源密集型部门的成本影响较大，从而促使劳动力就业从能源密集型部门转向低碳部门，如农业部门等。

第三节　灵敏性分析

在上述分析中，主要采用 25 美元/吨 CO_2 的碳价政策来探讨不同辅助措施的影响。因为 CGE 模型综合考虑了不同经济主体之间的交互作用，在不同的政策冲击下，各经济主体的响应是非线性的。因此，为了考察模拟结果的稳健性，进一步考虑了较高的碳价水平（50 美元/吨 CO_2）对于美国的碳减排和 GDP 的影响。

如表 2-6 所示，对于碳排放变化而言，在除美国外所有区域碳定价（CP-noUSA 情景）下，美国的碳排放增加 7.55%。此外，相比于两种统一关税措施，在对美国实施边境碳调整措施（BCA 情景）下美国的碳排放增幅最小，这说明实施 BCA 政策可以有效地降低美国的碳泄漏。对于 GDP 损失而言，在除美国外所有区域碳定价（CP-noUSA 情景）下美国的 GDP 损失最小。随着其他减排区域对美国实施制裁措施，美国的 GDP 损失将增加。此外，相比于对美国实施边境碳调整措施（BCA 情景），在两种统一关税措施情景下美国的 GDP 损失较大。例如，在对美国实施基于碳减排的统一关税措施（Tariff-carbon-reduction 情景）下美国的 GDP 损失率为 0.1%，而对美国实施边境碳调整措施（BCA 情景）下美国的 GDP 损失率为 0.03%。这个结果进一步证实前文的分析结果，即对美国实施边境碳调整措施（BCA 情景）更有利于降低美国的碳泄漏，但对美国实施基于碳减排的统一关税措施（Tariff-carbon-reduction 情景）更有利于促使美国实施碳减排政策。

表 2-6　碳价为 50 美元/吨 CO_2 时不同情景下美国的碳排放和 GDP 变化

单位：%

情景	碳排放	GDP 变化
CP-noUSA	7.55	−0.016
BCA	2.94	−0.027
Tariff-revenue	6.92	−0.026
Tariff-carbon-reduction	5.25	−0.090
All-CP	−34.60	−0.370

　　注：表中各情景含义如下，除美国外所有区域碳定价（CP-noUSA 情景），对美国实施边境碳调整措施（BCA 情景），对美国实施基于收入的统一关税措施（Tariff-revenue 情景），对美国实施基于碳减排的统一关税措施（Tariff-carbon-reduction 情景），全球统一碳定价（All-CP 情景）。余表同。

　　CGE 模型的结果对于选取的替代弹性值很敏感，因此，本书进一步探讨了资本能源与劳动之间的替代弹性（σ_{KE-L}），以及进口产品和国内产品的替代弹性，即阿明顿（Armington）替代弹性（σ_Q）对于模型结果的影响。对于资本能源与劳动之间的替代弹性，相对于所采用的基准弹性值（$\sigma_{KE-L}=0.6$），分别考虑"低"弹性值（0.3）和"高"弹性值（0.9）的影响。对于 Armington 替代弹性，相比于基准弹性值（$\sigma_Q = 2$），也分别考虑低弹性值（1.5）和高弹性值（3）的影响。表2-7给出了不同替代弹性值下美国GDP的变化。较低的替代弹性意味着资本能源与劳动之间的替代能力较弱，更加难以相互替代。与高弹性情景相比，低弹性情景下美国的GDP损失较大，但幅度基本相同。此外在特定的替代弹性下，对美国实施基于碳减排的统一关税措施（Tariff-carbon-reduction情景）时美国的GDP损失最大。例如，在高弹性下，对美国实施基于碳减排的统一关税措施（Tariff-carbon-reduction情景）时的GDP损失为0.03%，而在对美国实施边境碳调整措施（BCA情景）下的GDP损失仅为0.007%。

关于Armington替代弹性，它体现了进口产品与国内产品的异质性。弹性越高，进口产品与国产产品的差异就越小。因此，当其他参数保持不变时，高弹性下美国的GDP损失将会更大。在高弹性下，美国的GDP损失大于基准情景；而在低弹性下，美国的GDP损失小于基准情景。此外，在相同的弹性下，美国的GDP损失在对美国实施基于碳减排的统一关税措施（Tariff-carbon-reduction情景）时比对美国实施边境碳调整措施（BCA情景）时大。这些结果进一步证实之前的结论，即对美国实施基于碳减排的统一关税措施（Tariff-carbon-reduction情景）比对美国实施边境碳调整措施（BCA情景）更有可能促使美国实施减排政策。

表2-7　不同替代弹性值下美国GDP的变化

单位：%

情景	$\sigma_{KE-L} = 0.3$	$\sigma_{KE-L} = 0.6$（基准情景）	$\sigma_{KE-L} = 0.9$
CP-noUSA	−0.0006	0.0005	0.0014
BCA	−0.0084	−0.0076	−0.0071
Tariff-revenue	−0.0060	−0.0050	−0.0040
Tariff-carbon-reduction	−0.0260	−0.0260	−0.0260
All-CP	−0.1500	−0.1600	−0.1700

续表

情景	$\sigma_Q = 1.5$	$\sigma_Q = 2$（基准情景）	$\sigma_Q = 3$
CP-noUSA	0.001	0.0005	−0.0004
BCA	−0.007	−0.0076	−0.0085
Tariff-revenue	−0.004	−0.005	−0.0055
Tariff-carbon-reduction	−0.020	−0.026	−0.032
All-CP	−0.162	−0.163	−0.164

第四节　结论与启示

本书采用全球多区域、多部门可计算一般均衡模型，在一个综合框架下对比分析边境碳调整措施和基于两种不同原则设置的统一关税措施对于促使美国参与全球减排合作的影响。主要结论如下。

从降低碳排放来看，相比于统一关税提高措施，边境碳调整（BCA）措施更有利于降低美国的碳泄漏。因为在 BCA 措施下，美国的碳排放提高幅度相对较小。例如，在对美国实施边境碳调整措施（BCA 情景）下美国的碳排放仅提高了 1.5%，比除美国外所有区域碳定价（CP-noUSA 情景）降低了 61%。而在基于收入的统一关税措施（Tariff-revenue）和基于碳减排的统一关税措施（Tariff-carbon-reduction）情景下，美国的碳排放比除美国外所有区域碳定价（CP-noUSA 情景）分别降低了 8.3% 和 28.7%。然而，BCA 情景下美国的 GDP 损失率较小（0.008%）。这意味着 BCA 措施虽然能够有效地降低美国碳泄漏，但是难以促使美国采取碳减排政策。

在统一关税措施方面，结果显示不同的统一关税措施的设置对于美国 GDP 的影响有很大差异。具体来说，在对美国实施基于收入的统一关税措施（Tariff-revenue 情景）时美国的 GDP 损失率仅为 0.005%，略低于对美国实施边境碳调整措施（BCA 情景）。然而，在对美国实施基于碳减排的统一关税措施（Tariff-carbon-reduction 情景）下美国的 GDP 损失率为 0.03%。并且随着碳价的提高，对美国实施基于碳减排的统一关税措施（Tariff-carbon-reduction 情景）美国的 GDP 损失率将进一步提高。同样的，美国的福利损失在对美国实施基于碳减排的统一关税措施（Tariff-carbon-reduction 情景）下也远高于对美国实施边境碳调整措施（BCA 情景）。例如，当碳价为 25 美元/吨 CO_2 时，对美国实施基于碳减排的统一关税措施（Tariff-carbon-reduction 情景）下美国的福利损失为 540 亿美元；而在 BCA 情景下，其福利损失仅为 35 亿美元。上述结果说明相比于实施 BCA 措施，对于美国的 GDP 损失和福利损失而言，对美国实施基于碳减排的统一关税措施（Tariff-carbon-reduction 情景）更有利于促使美国实施减排政策。综上所述，研究结果表明各减排区域应该根据实施目的对于美国的非合作行为采取相应的应对措施。如果各减排区域倾向于降低美国的碳泄漏，则可以实施 BCA 措施。相反，如果倾向于促使美国实施减排政策以及加入减排合作联盟，则应该采取基于碳减排的统一关税措施（Tariff-carbon-reduction 情景）。此外，分析结果还指出相比于实施 BCA 措施，对美国实施基于碳减排的统一关税措施（Tariff-carbon-reduction 情景）更有利于促进美国的劳动力就业从能源密集型部门转移到低碳部门，如农业部门等。因此，实施统一关税措施不仅能够促使美国实施减排政策，也能够促进美国的就业结构趋向低碳化。

第五节　本章小结

实施全球统一的碳定价政策是应对气候变化、实现气候减排目标最有效的方式。然而数次关于协商全球统一减排政策的气候谈判大会的失败证明了实现这个目标是多么的困难。2015 年《巴黎协定》改变了自上而下的气候治理模式，创造性地采用自下而上的模式鼓励各国积极开展各自的国家自主贡献，努力实现全球平均温度较工业化前期水平的升高幅度控制在 2℃ 甚至 1.5℃ 以内的目标。然而，在气候变化这一典型的负外部性问题上，"搭便车"行为使得个别国家不愿意实施相应的减排政策。美国退出《巴黎协定》就是一个典型的例子。因此，保护减排区域的经济利益以及促进非减排区域加入全球减排合作就显得尤为重要。边境碳调整（BCA）措施和统一关税措施被认为是促使非减排区域加入减排合作联盟中两种重要措施。本章在统一的模型框架下对比分析了这两种措施在碳减排和经济社会方面的影响，为促进广泛地参与碳减排提供决策支持。

　　本书尚存在一些不足之处值得进一步探讨。首先，在关于 BCA 措施的设计中，考虑到进口产品的含碳量难以确定，因此既有研究通常假设进口产品的含碳量和国内相应产品的含碳量相同。基于此，本书根据各区域的投入产出数据（来源于 GTAP 数据库）计算出各行业的碳强度，然后，在此基础上实施 BCA 措施。然而行业层面的平均碳强度无法反映企业层面的生产行为，生产结构的改变主要体现在企业层面。本书主要是针对总体层面的行业分析，企业层面的生产行为分析尚未具体细化。因此，后续关于减排政策实施对于企业层面微观生产结构影响的探讨是很有必要的。其次，本书主要分析当存在非减排区域时，减排区域应该采取何种措施保护自身利益以及促进非减排区域参与合作。这和《巴黎协定》提倡的差异化减排政策有所不同。因此，本书虽然可以为减排区域应该采取何种应对措施提供指导，然而考虑到减排区域实施差异化碳价，研究结果可能会存在差异。如何更好地解决上述问题将是未来进一步研究的方向。

第三章 促进全球气候合作的政策一致性：
跨区域碳市场合作的经济和环境影响分析

为了实现《巴黎协定》提出的温升控制目标，需要各国之间进行广泛合作以提高减排的经济效率。这一方面要求近乎普遍的参与，另一方面要求协调一致的政策（Nordhaus，2013）。在第二章已经对前者进行了专门的探讨（Zhang et al.，2020），本章将聚焦后者，考察不同的全球气候政策协调程度对经济和能源环境的影响差异。

政策的协调性意味着每个国家减排的边际成本是相同的（Nordhaus，2013）。实现这一目标有两种主要的方法，二者都是基于市场的碳定价政策：一是建立全球碳排放权交易市场（Fujimori et al.，2016；Zhang et al.，2017），二是推行全球碳排放税（Goulder and Schein，2013；Nordhaus，2007）。虽然各国间一致的碳税具有价格信号稳定、政策可操作性强、管理成本低等优点，但碳税由于存在实际排放量不确定以及税收归属和行政管辖权不确定等问题而举步维艰（Anderson et al.，2019；Mankiw，2007）。另外，碳交易作为应对气候变化和促进经济社会绿色转型的重要措施，获得了广泛的关注与实质性的进展。欧盟的碳交易市场是目前世界上规模最大也是运行较为成熟的碳交易体系。此外，中国于 2011 年建立的 7 省市碳排放权交易试点工作取得了显著进展，并于 2017 年提出从电力行业出发，逐步建立全国碳市场。根据世界银行统计（World Bank，2020），截至

2020 年全世界已经建立 28 个碳交易体系，覆盖排放约 60 亿吨二氧化碳当量，占全球温室气体排放总量的 10.7%。而中国的全国碳市场一旦建成，将成为世界上最大的碳交易体系，从而使全球碳交易覆盖的排放量占全球温室气体排放总量的 17%。

目前关于碳交易的分析主要集中在一国内部，探讨采用碳交易政策实现减排目标的社会经济和环境影响（Hu et al.，2020；Koch and Mama，2019；Nguyen et al.，2019），以及碳交易机制设计问题（Hintermayer，2020；Jin et al.，2020；Yang, W. et al.，2020）。此外，随着各国碳交易市场的建立，一些研究分析了不同地区碳市场链接的影响（Baek et al.，2020；Oliveira et al.，2020；Siriwardana and Nong，2021；Zhang et al.，2017）。这些研究指出在实现既定的减排目标下开展碳交易合作可以通过配额交易优化各区域间的减排行为来降低减排成本。然而，现有针对不同碳市场链接合作的研究大多是关于《巴黎协定》所提出的短期国家自主贡献目标的分析。随着各国陆续提出中长期减排目标，例如中国提出 2060 年实现碳中和目标，欧盟提出 2050 年实现碳中和目标，分析碳交易合作对实现这些目标的经济和环境影响值得关注，并且分析中长期目标可以体现碳市场合作的路径依赖效应，即探讨碳市场合作的影响在时间上的差异性。因此，本章以各区域的国家自主贡献目标为基础，结合其提出的中长期减排目标，基于全球能源环境政策分析模型，探讨不同区域间的碳市场合作情景下经济和能源环境影响。

第一节　模型方法介绍

一　C^{3}IAM/GEEPA 模型的动态化处理

本章所采用的全球多区域、多部门的可计算一般均衡模型

C³IAM/GEEPA模型与第二章基本一致。C³IAM/GEEPA 模型（以下简称 GEEPA 模型）基本框架见第二章的图 2-1。相比于第二章的静态模型，本章致力于分析碳交易合作带来的长期动态影响，因此采取的是递归动态的 GEEPA 模型。此外，为了提高模型的计算效率，本章将农业各部门进行合并，总计考虑 14 个部门（见表 3-1）。GEEPA 的基本模块包含生产模块、收入模块、支出模块、投资模块、贸易模块和环境模块。关于 GEEPA 模型的详细介绍请参考第二章的说明及相关文献（Liu, L. -J. et al., 2020; Wei et al., 2018; Zhang et al., 2020）。

表 3-1　GEEPA 模型的 14 个部门描述

编号	代码	部门	GTAP 数据库的部门划分
1	Agr	农业	Agriculture
2	Coal	煤炭	Coal
3	Oil	石油	Oil
4	Gas	天然气	Gas
5	OtherMin	其他矿物质	Minerals, not elsewhere classified (n. e. c.)
6	EintMnfc	能源密集型制造业	Paper products, publishing; Chemical, rubber, plastic prods; Mineral products n. e. c.; Ferrous metals; Metals n. e. c.; Metal products
7	Roil	成品油	Petroleum, coal products
8	OtherMnfc	其他制造业	Motor vehicles and parts; Transport equipment n. e. c.; Electronic equipment; Machinery and equipment n. e. c.; Manufactures n. e. c.; Meat: cattle, sheep, goats, horse; Meat products n. e. c.; Vegetable oils and fats; Dairy products; Processed rice; Sugar; Food products n. e. c.; Beverages and tobacco products; Textiles; Wearing apparel; Leather products; Wood products
9	Elec	电力	Electricity
10	FuelGas	燃气	Gas manufacture, distribution
11	Water	水	Water

编号	代码	部门	GTAP 数据库的部门划分
12	Cons	建筑	Construction
13	TransService	交通服务业	Transport n. e. c.；Sea transport；Air transport
14	OthServices	其他服务业	Trade；Communication；Financial services n. e. c.；Insurance；Business services n. e. c.；Recreation and other services；Pub Admin，Defence，Health，Educat；Dwellings

GEEPA 模型采用的是递归动态机制，是 CGE 模型中常用的模拟动态演化的方法，即在不同时期之间通过资本积累、人口增长和全要素生产率的进步推动模型运行。资本积累的过程如方程 3.1 所示。基本思路是下一期的资本积累等于当期的资本积累加上新增投资，并减去当期的资本折旧。

$$KS_{r,t+1} = KS_{r,t} + INV_{r,t} - \delta_r \cdot KS_{r,t} \qquad (3.1)$$

其中，$KS_{r,t+1}$ 表示 r 地区第 $t+1$ 期的资本存量，$KS_{r,t}$ 表示 r 地区第 t 期的资本存量，$INV_{r,t}$ 表示 r 地区第 t 期的新增投资，δ_r 表示 r 地区的折旧率。

二　碳市场合作情景设置

在模拟各区域的碳市场机制时，需要明确各区域的排放配额。排放配额根据各区域的基准排放和减排率来确定。首先依据各区域提出的国家自主贡献（National Determined Contribution，NDC）目标来确定各自的减排率。在收集整理各区域提交的 NDC 目标时，考虑到减排目标设置的基准不同，所以在计算各区域减排率时进行了如下假设。第一，本书主要探讨各区域能源相关碳排放的减排。因此，在确定各自的减排率时，假设各区域能源相关碳排放的减排力度与其提交的总体温室气体减排率相同，这主要是考虑到能源相关碳排放在温室气体排放总量中占据较大比例。第二，对于单独的国家，如美国和中国，根据其各自提出的减排目标计算相应的减排率，在具体计算过程中，所需要的各国1990~2015年的碳排放数据来自国际能源署。而对于其他的大区域而言，如拉丁美洲（LAM）和亚洲其他国家（ASIA），考虑到这些区域提交的2030年减排目标大多是相对于基准情景的，因此本书将GEEPA模型的基准情景作为各自的基准情景，从而设置相应的减排率进行计算。

针对各区域NDC目标的计算参考现有研究（Liu, W. et al., 2020），对于减排目标是按照绝对减排量确定的地区（例如美国和日本）而言，这里以美国为例进行计算说明。美国提出的减排目标是到2025年将温室气体排放较2005年水平降低26%~28%。基于此，首先根据国际能源署公布的2005年碳排放数据计算美国在2025年需要实现的碳排放量，然后依据2011年碳排放数据计算美国实现既定目标所需要的额外减排率，最后假设美国以该减排率为基础进行未来的减排部署。对于减排目标是基于强度目标的地区（例如中国和印度），首先根据各国的NDC目标以及结合现有研究（Liu, W. et al., 2020）确定各自在2030年的减排率，并据此计算各期相应的减排率。此外，根据中国承诺到2060年前后实现碳中和，因此在2030年后假设减排率逐步提高来实现该目标。根据IPCC第五次评估报告的研究，实现近零排放需要能源相关的碳排放相对于基准情景降低75%左右（Edenhofer, 2014），同时结合森林碳汇及海洋生物吸收等负排放技术潜力（方精云，2015；吴立新，2021），假设中国实现碳中和目标需要能源相关碳排放在2060年降低70%、2065年降低80%以及到2070年降低90%左右。对于欧盟而言，根据其减排目标确定2030年相对于基准情景的减排率，然后依据碳中和目标逐步提高减排率，到2070年能源相关减排率达到75%。最后，基于上述计算确定的各区域减排率，本书设置了不同的碳市场合作情景进行分析。采取的模型基期为 2011 年，第一期为四年，其后五年一期，结合碳中和目标的实现，模拟时期到 2070 年，是基于中国碳中和目标实现时期并顺延十年的考虑。各情景的描述如下（见表 3-2）。

表 3-2　碳市场合作情景设置

情景	描述
ETS-NotLink	各区域单独实施碳交易政策,区域间不进行链接(Not Link)
ETS-CE	中国和欧盟开展碳市场合作,其他区域不参加
ETS-CEU	中国、欧盟和美国开展碳市场合作,其他区域不参加
ETS-CEUI	中国、欧盟、美国、印度开展碳市场合作,其他区域不参加
ETS-All	所有地区开展碳市场合作

具体来说，在不同的政策情景中，首先是碳市场不合作（ETS-NotLink）情景，各区域设置独立的碳市场，不进行链接合作。其次是碳市场完全合作（ETS-All）情景，即所有地区进行碳市场合作。在合作情景中，根据各地区的总配额来确定碳价格。最后考虑了不同的局部碳市场合作情景，主要包括中国、欧盟、美国和印度之间开展碳市场合作。欧盟是目前全球规模最大的碳市场，中国也已经计划建立全国碳市场，当中国启动碳市场时，中国和欧盟之间的碳市场合作（ETS-CE）情景将获得重点关注。美国政府也已经承诺将重返《巴黎协定》，因此有必要进一步分析中国、欧盟和美国之间的碳市场合作（ETS-CEU）情景的影响。最后，印度是除中国外最大的发展中国家和主要的碳排放地区，此外，印度的减排成本相对较低，减排潜力大，因此建立中国、欧盟、美国和印度四个地区的碳市场合作（ETS-CEUI）情景将是实现全球统一碳市场的重要一步。综上所述，本书考虑了五种政策情景来揭示不同碳市场合作带来的经济和能源环境影响。

第二节　结果与讨论

一　碳市场合作对经济（成本）的影响

（一）边际减排成本影响

经济学理论指出各地区实施统一的碳价水平是最具成本效益的减排措施，即各地区的边际减排成本（Marginal abatement cost，MAC）相同。而在实际中各地区是分别设置减排力度的，意味着额外减少一单位碳的成本并不相等，这种区域间差异化的 MAC 为合作减排提供了基础。图 3-1 表示 2060 年不同情景下各地区的 MAC 差异。结果显示，在碳市场不合作（ETS-NotLink）情景下，各地区的 MAC 差异很

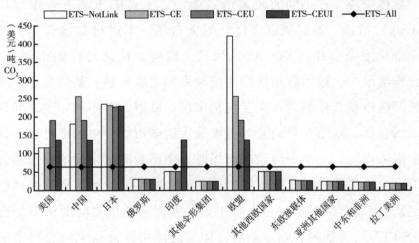

图 3-1　2060 年不同情景下各地区的 MAC 差异

注：①图中各情景含义如下，碳市场不合作（ETS-NotLink），中国和欧盟开展碳市场合作（ETS-CE），中国、欧盟和美国开展碳市场合作（ETS-CEU），中国、欧盟、美国和印度开展碳市场合作（ETS-CEUI），碳市场完全合作（ETS-All）。

②碳价基于 2011 年不变价计算。

大。其中欧盟的碳价最高，为 423 美元/吨 CO_2，其次是日本和中国，分别是 234 美元/吨 CO_2 和 182 美元/吨 CO_2。当所有的地区进行碳市场合作时，碳价水平显著下降，各地区平均为 66 美元/吨 CO_2。然而，进行完全的碳市场合作是逐步链接的，并不是一蹴而就的。以中国为例，在进行碳市场合作中，一般假设先与欧盟等碳市场开展合作，而后逐步扩大市场链接范围，因此，本书分析了中国逐步建立碳市场合作情景下其 MAC 的变化。结果显示在碳中和目标下，中国与欧盟开展碳市场合作会显著提高其 MAC。另外，从参与碳市场的时间来看（见图 3-2），中国在 2040 年之前参与碳市场合作将会提高其 MAC，在 2040 年之后参与碳市场合作则会降低其 MAC。

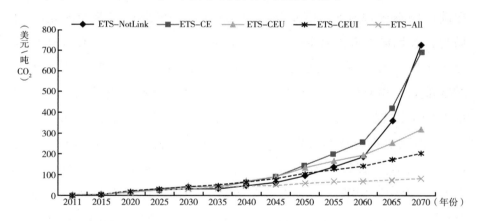

图 3-2　2011~2070 年中国在不同情景下的 MAC

注：图中各情景含义如下，碳市场不合作（ETS-NotLink），中国和欧盟开展碳市场合作（ETS-CE），中国、欧盟和美国开展碳市场合作（ETS-CEU），中国、欧盟、美国和印度开展碳市场合作（ETS-CEUI），碳市场完全合作（ETS-All）。

从局部的碳市场合作来看，在开展中国、欧盟、美国和印度四区域碳市场合作时（ETS-CEUI），中国在 2055 年参与碳市场可以降低其 MAC，相反，较早地参与区域碳市场合作将会提高其 MAC。这主要是因为在单独的碳市场情景下，2055 年之前中国的高碳化石能源占比较高，此时额外降低一单位的排放所需要的成本较低，使得MAC 相对较低，所以相较于参与碳市场合作，中国自身减排比较有利。而随着减排的推进，由于后期化石能源占比较低，减排成本提高，进而提高了 MAC。而在四区域碳市场合作情景下，前期中国高碳化石能源占比高，减排成本低，所以中国参与碳市场合作将实现较多减排，使得化石能源消费相较于非合作情景降低，减排难度加大，因此中国将选择从碳市场上购买碳配额而非自身进行减排从而降低MAC，所以后期参与碳市场合作较为有利。

（二）碳市场合作对碳配额的收入和支出影响

表 3-3 展示了 2060 年不同合作情景下各地区的碳配额转移情况。在碳市场不合作（ETS-NotLink）情景下，当各地区实施单独的碳市场时，各地区的碳配额转移量和配额收入均为 0，因为不存在碳市场合作交易。当中国与欧盟建立碳市场合作（ETS-CE）时，由于中国的减排成本相对较低，因此中国将会进行额外减排，并将这部分减排量出售给欧盟。具体来说，2060 年中国的额外减排量为 4.7 亿吨 CO_2，而欧盟将通过购买这部分碳配额来实现自身减排目标，所需要付出的成本为 1212.9 亿美元。当美国也参与碳市场合作时（ETS-CEU），由于欧盟的减排成本高于美国和中国，因此欧盟将分别从美国和中国购买碳配额 6.6 亿吨 CO_2 和 1.1 亿吨 CO_2。美国和中国由于出售配额而分别获得 1252.7 亿美元和 209.8 亿美元的收益。随着印度参与碳市场合作（ETS-CEUI），印度的减排成本相对较低，所以将会贡献较大的碳配额来帮助其他地区实现减排目标。例如，2060 年印度将会额外减排 13.2 亿吨 CO_2。此外美国将额外减排 2.2 亿吨 CO_2，这些额外减排量将会被欧盟和中国购买来实现各自的减排目标，购买碳配额量分别为 11.5 亿吨 CO_2 和 3.8 亿吨 CO_2。

当所有地区参与碳市场合作时（ETS-All），欧盟、中国、美国和日本将会成为碳配额购买地区，而中东和非洲（MAF）以及亚洲其他

表 3-3　2060 年不同合作情景下各地区的碳配额交易量和配额收入（2011 年不变价）变化

单位：亿吨 CO_2，亿美元

| 情景 | ETS-NotLink | | ETS-CE | | ETS-CEU | | ETS-CEUI | | ETS-All | |
区域	配额交易量	配额收入	配额交易量	配额收入	配额交易量	配额收入	配额交易量	配额收入	配额交易量	配额收入
USA					6.6	1252.7	2.2	302.3	-5.7	-377.1
CHN			4.7	1212.9	1.1	209.8	-3.8	-533.6	-17.0	-1120.8
JPN									-3.7	-247.3
RUS									2.6	173.4
IND							13.2	1826.6	4.0	262.6
OBU									2.9	194.4
EU			-4.7	-1212.9	-7.7	-1462.5	-11.5	-1595.4	-19.9	-1313.6
OWE									0.6	37.4
EES									2.6	172.7
ASIA									13.5	894.4
MAF									14.6	961.7
LAM									5.5	362.2

注：表中各情景含义如下，碳市场不合作（ETS-NotLink），中国和欧盟开展碳市场合作（ETS-CE），中国、欧盟和美国开展碳市场合作（ETS-CEU），碳市场完全合作（ETS-All）。空白单元格表示配额交易量或配额收入为 0。在同一情景下，"配额交易量"负值代表碳配额购买量，"配额收入"负值代表为购买碳配额所付出的成本；"配额交易量"正值代表碳配额出售量，"配额收入"正值代表出售碳配额带来的收益。

国家（ASIA）等地区将会是主要的碳配额出售地区。随着碳配额交易的推进，相应的碳配额收入将从欧盟、中国等地区流入中东和非洲（MAF）以及亚洲其他国家（ASIA）等地区。具体来说，欧盟为购买碳配额所付出的成本最高，为1313.6亿美元，其后是中国和美国。相反，中东和非洲（MAF）以及亚洲其他国家（ASIA）等地区通过出售碳配额将获得较大的碳收益，分别为961.7亿美元和894.4亿美元。

此外，为了更直观地分析碳市场完全合作（ETS-All）情景下各地区的配额交易情况，图3-3给出了碳市场完全合作（ETS-All）情

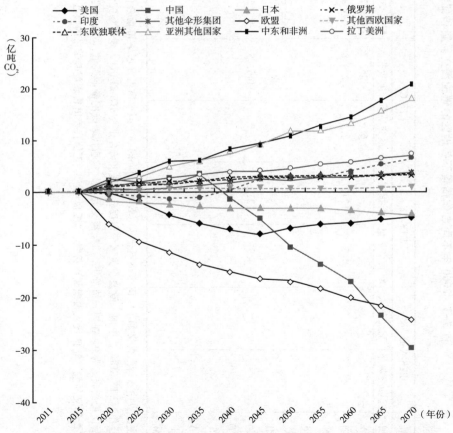

图 3-3　碳市场完全合作（ETS-All）情景下不同地区的碳配额交易量

景下不同地区的碳配额交易量的变化。具体来说，欧盟是碳配额的主要购买地区，碳配额购买量将从 2020 年的 6.1 亿吨 CO_2 增加到 2070 年的 24.2 亿吨 CO_2。对于中国而言，在 2040 年前中国将通过出售碳配额来获得收益，而在 2040 年后随着自身碳减排目标的逐步加大和减排成本的提高，中国则需要通过购买碳配额来实现减排目标。2070 年中国购买的碳配额将达到 29.5 亿吨 CO_2。除此之外，美国和日本也将是主要的碳配额购买地区。最后，从碳配额的出售地区来看，亚洲其他国家（ASIA）与中东和非洲（MAF）将是主要的碳配额供给地区，并且碳配额供给量不断加大。亚洲其他国家（ASIA）与中东和非洲（MAF）这两个地区的配额出售量将分别从 2020 年的 1.8 亿吨 CO_2 和 1.9 亿吨 CO_2 增加到 2070 年的 17.8 亿吨 CO_2 和 20.6 亿吨 CO_2。

（三）碳市场合作对国内生产总值（GDP）的影响

开展碳市场合作的主要目的是通过让减排发生在成本相对较低的地区来降低总体减排成本，因此，为了分析不同情景下减排成本的变化，本书分析了碳市场合作对全球 GDP 的影响。图 3-4 表示不同情景下全球 GDP 的变化情况。

结果显示，在碳市场不合作情景下（ETS-NotLink），全球的 GDP 损失最大，2020 年全球 GDP 损失率为 0.17%，2070 年全球 GDP 损失率为 1.45%。建立碳市场合作可以有效地减小 GDP 损失，即使是局部的中国和欧盟的碳市场合作也可以显著减小全球 GDP 损失。例如，当中国和欧盟建立碳市场合作（ETS-CE）情景时，在 2070 年全球的 GDP 损失率降至 1.37%。随着美国和印度参与碳市场合作，在 2050 年前全球 GDP 损失的额外降低幅度较小，这主要是因为各地区的减排目标是逐步提高的，前期的减排目标相对较低，减排所带来的 GDP 损失较小，各地区通过碳市场合作所避免的 GDP 损失也就相对较小。而在 2050 年之后，由于减排目标的提高，减排对于经济的影响相对较大。此时，通过碳市场合作所避免的 GDP 损失较为明显。

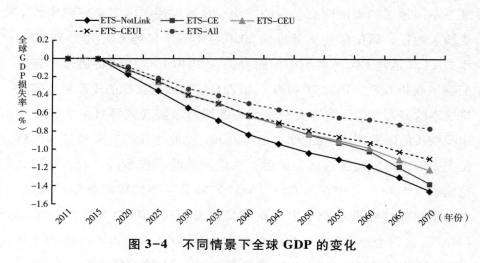

图 3-4 不同情景下全球 GDP 的变化

注：图中各情景含义如下，碳市场不合作（ETS-NotLink），中国和欧盟开展碳市场合作（ETS-CE），中国、欧盟和美国开展碳市场合作（ETS-CEU），中国、欧盟、美国和印度开展碳市场合作（ETS-CEUI）、碳市场完全合作（ETS-All）。

例如，随着美国（ETS-CEU）和印度（ETS-CEUI）参与碳市场合作，2070 年全球 GDP 损失率分别为 1.23% 和 1.1%，比碳市场不合作（ETS-NotLink）情景分别降低了 0.22 个和 0.35 个百分点。

最后，当所有区域进行碳市场合作（ETS-All）时减排所带来的 GDP 损失最小，这也说明建立全球碳市场合作有利于降低总体减排成本。并且随着减排目标的提高，通过碳市场合作来降低减排成本的效果愈加明显。具体来说，碳市场完全合作（ETS-All）情景下 2020 年全球 GDP 损失率为 0.1%，比碳市场不合作（ETS-NotLink）情景降低了 0.07 个百分点，2070 年全球 GDP 损失率为 0.76%，比碳市场不合作（ETS-NotLink）情景降低了 0.69 个百分点。

从区域层面来看，碳市场合作对各个地区的 GDP 影响有所不同。图 3-5 表示碳市场不合作（ETS-NotLink）和碳市场完全合作（ETS-All）两种情景下各地区在 2030 年和 2060 年的 GDP 变化。首先从单独的

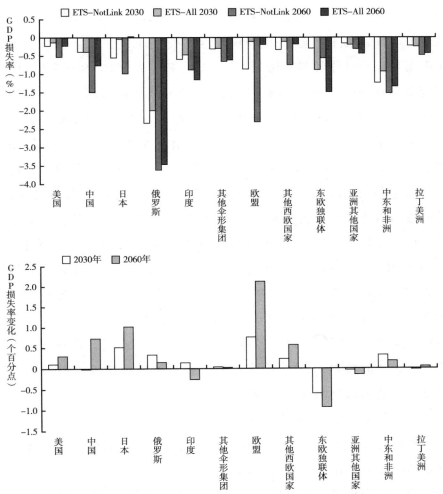

图 3-5 碳市场不合作情景和碳市场完全合作两种情景下各地区在 2030 年和 2060 年的 GDP 损失率变化及其差异

区域层面来看，实施碳减排将对所有地区的 GDP 产生不利影响，其中对俄罗斯的影响最大，其后是欧盟、中东和非洲（MAF）地区。2060 年俄罗斯和欧盟的 GDP 损失率分别为 3.6% 和 2.3%。此外，相比于碳市场不合作情景，碳市场完全合作使得欧盟、美国和日本等地区的 GDP 损失降低，而对于东欧独联体（EES）和亚洲其他国家

（ASIA）而言，碳市场完全合作使得这些地区的 GDP 损失加大，并且随着时间的推移，这些积极或消极的影响不断扩大。例如，2060 年碳市场完全合作使得欧盟的 GDP 损失率从 2.3% 降至 0.2%，降低了约 2 个百分点。相反，碳市场完全合作使得东欧独联体（EES）地区的 GDP 损失率提高约 1 个百分点。此外，对于中国和拉丁美洲（LAM）而言，近期的 2030 年碳市场完全合作使得各自的 GDP 损失加大，而远期的 2060 年碳市场完全合作则使其 GDP 损失减小，这意味着对这些地区而言，过早地加入碳市场合作是不利于经济发展的，推迟参与碳市场合作将会避免对 GDP 的不利影响。而对于印度则正好相反，印度在 2030 年的碳市场完全合作中将会减小其 GDP 损失，而 2060 年的碳市场完全合作将使其 GDP 损失加大。具体来说，2060 年碳市场完全合作将使中国的 GDP 损失率降低 0.7 个百分点，而使印度的 GDP 损失率提高近 0.3 个百分点。这主要是由减排目标的严格程度决定的，中国前期的减排成本低，参与碳市场合作将进行额外的减排，从而增大了 GDP 损失，后期自身减排成本高，参与碳市场合作通过购买碳配额而非自身减排减小了 GDP 损失。

（四）碳市场合作对各地区政府收入的影响

考虑到政府收入与经济活动水平息息相关，并且政府的财政收入也是各国决策者比较关注的指标，在碳市场的额外冲击下，由于各种经济活动的变化将会对政府收入产生一定的影响，因此，本书进一步分析了碳市场合作对政府收入的影响。图 3-6 展示了碳市场完全合作情景下各地区的政府收入变化。结果显示，首先，碳市场合作将对所有地区的政府收入产生不利的影响，但是各地区所受影响程度有很大差异。具体来说，受影响最大的地区是俄罗斯、东欧独联体（EES）与中东和非洲（MAF）。2060 年俄罗斯、东欧独联体（EES）与中东和非洲（MAF）地区的政府收入分别降低了 8.5%、5% 和 3.9%，其他地区政府收入降幅为 1%~2%。

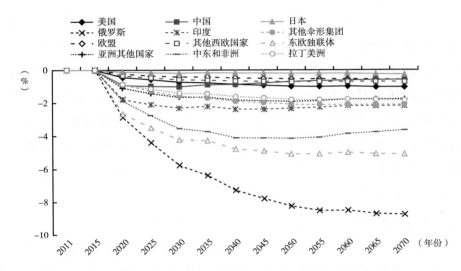

图 3-6　碳市场完全合作情景下各地区的政府收入变化

其次，相比于单独的碳市场，碳市场完全合作对于各地区的政府收入影响的幅度和方向有所不同。图 3-7 表示 2060 年碳市场不合作

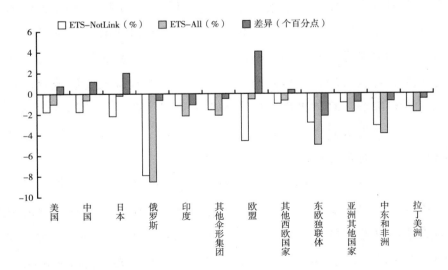

图 3-7　2060 年碳市场不合作情景和碳市场完全合作情景下
各地区的政府收入变化及其差异

情景和碳市场完全合作情景下各地区的政府收入变化及其差异。结果显示，碳市场合作使得欧盟、日本和中国等地区的政府收入下降幅度减小，而使得东欧独联体、印度和俄罗斯等地区的政府收入下降幅度增大。具体来说，2060年碳市场合作将使欧盟和日本的政府收入降幅分别降低4个和1.9个百分点，而东欧独联体和印度的政府收入将分别提高2.2个和1.1个百分点。因此，从降低政府收入损失的角度来说，碳市场合作将对欧盟和日本等地区有利，而将对东欧独联体（EES）和印度等地区产生不利影响。

（五）碳市场合作对各区域主要部门产出的影响

图3-8展示了2060年碳市场不合作和合作情景下各部门产出的变化。总体来说，实施碳市场机制使得能源相关部门的产出降幅较大。其中产出下降幅度最大的是煤炭（Coal）部门，产出下降幅度在20%~90%，其次是天然气（Gas）和燃气部门（FuelGas）。减排使得这些部门承担额外的碳成本，从而降低了部门产出。由于各种能源产品之间具有一定的替代作用，个别区域（如俄罗斯和印度）的成品油（Roil）部门的产出有所增加。此外，实施碳市场机制对于农业（Agr）和其他服务业（OthServices）部门的产出影响较小。另外，相比于独立的碳市场，开展碳市场合作可以有效地降低受影响较严重部门的不利影响。具体来说，碳市场合作可以使煤炭、天然气和燃气部门的产出受影响幅度平均降低6~9个百分点。但是对于不同的地区，碳市场合作对各部门的影响有所不同。

图3-9展示了2060年碳市场合作情景相对于不合作情景下各地区各部门产出的变化。碳市场合作将使美国、中国、日本、欧盟和亚洲其他国家地区的部门产出受到的不利影响减小，而使其他地区的部门产出受到的不利影响加大。产出损失有所缓解的地区大多是碳配额购买地区，这些地区通过从其他地区购买碳配额而非通过自身减排来实现目标，使得其国内减排的力度减小，从而减少了部门产出损失。其中，

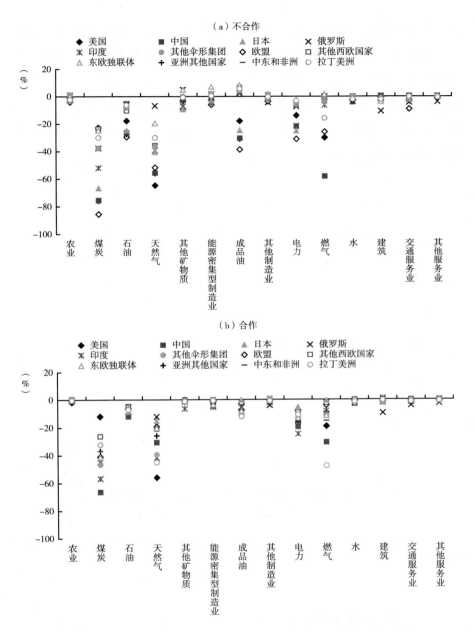

图 3-8　2060 年碳市场不合作和合作情景下各部门产出的变化

亚洲其他国家（ASIA）的燃气部门的产出损失变化幅度最大，降低了约50个百分点。同样，碳市场合作使欧盟的煤炭部门产出损失率降低了约45个百分点。此外，碳市场合作使得拉丁美洲（LAM）和东欧独联体（EES）地区的部门产出损失增大，损失最大的是拉丁美洲（LAM）的燃气部门，损失幅度提高了约33个百分点。其他地区的产出损失率提高幅度最大约为20个百分点。

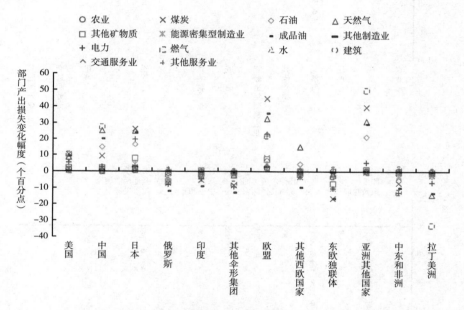

图 3-9　2060 年碳市场合作情景相对于不合作情景下各地区各部门产出的变化

注：变化指的是前者情景减去后者情景，大于 0 意味着部门产出损失减小，小于 0 意味着部门产出损失增大。

二　碳市场合作对能源和环境的影响

（一）碳市场合作对碳排放的影响

通过在碳市场上进行碳配额的购买和出售，各地区实际需要减少的碳排放量将会发生变化。也就是说，在保持全球减排总量一致的基础上，各地区根据自身减排成本和配额收益之间的权衡，决定各自的最终均衡状态的碳减排量。决策者通过分析各地区实际的碳排放变化可以直观地把握各自需要做出的碳减排努力。因此，这部分主要探讨不同情景下各地区的碳排放变化。总体来说，在各种碳交易合作情景下，全球碳减排总量保持一致，但是各地区的碳减排幅度有所不同。

图 3-10 展示了 2060 年不同情景下各地区和全球的碳排放变化。首先，在碳市场不合作情景下（ETS-NotLink），各地区根据自己的既定目标来进行减排，2060 年，欧盟的碳排放降幅将最大，为54.4%；其次是中国和日本，分别降低 45.1% 和 42.1%。而在中国与欧盟开展碳市场合作（ETS-CE）情景下，由于中国的减排成本较

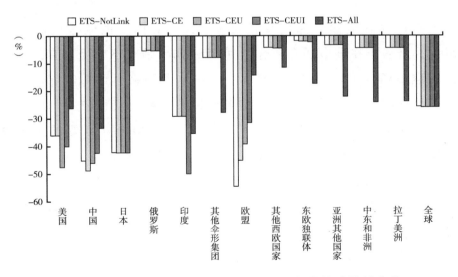

图 3-10　2060 年不同情景下各地区和全球的碳排放变化

　　注：图中各情景含义如下，碳市场不合作（ETS-NotLink），中国和欧盟开展碳市场合作（ETS-CE），中国、欧盟和美国开展碳市场合作（ETS-CEU），中国、欧盟、美国和印度开展碳市场合作（ETS-CEUI）、碳市场完全合作（ETS-All）。

低，因此，中国将会进行额外的减排，并将这些额外的减排量出售给欧盟来获得收益。反过来，由于欧盟的减排成本较高，在合作情景下欧盟将会从中国购买碳配额来实现减排目标。此时，中国的碳排放降低了48.6%，而欧盟的碳排放仅降低了45%，相比于碳市场不合作（ETS-NotLink）情景降低了9.4个百分点。

当中国、欧盟和美国开展碳市场合作（ETS-CEU）时，中国和美国将会额外减排来出售碳配额，而欧盟将会购买碳配额。其中欧盟的减排主要来自购买美国的碳配额，此时美国的碳排放降低了47.5%，相比于碳市场不合作（ETS-NotLink）情景提高了11.4个百分点。而在中国、欧盟、美国和印度四个区域开展碳市场合作（ETS-CEUI）情景下，当印度也参与减排时，由于印度的减排成本相对较低，因此印度将会进行大幅度减排，通过出售这些碳配额来获得收益，而美国的碳配额出售量则会降低。相反，欧盟和中国将会购买这些碳配额来完成减排目标。此时，印度的碳排放降低了50%。最后，在碳市场完全合作（ETS-All）情景下，当所有的区域进行碳市场合作时，欧盟、日本、中国和美国将会购买碳配额，而其他地区将会通过进行额外减排来出售碳配额而获得收益。具体而言，在碳市场完全合作（ETS-All）情景下，2060年欧盟的碳排放仅降低了14.4%，中国的碳排放降低了33.2%，而中东和非洲（MAF）地区的碳排放增幅相比于不合作情景额外降低了19.7个百分点，拉丁美洲（LAM）地区碳排放增幅也额外降低了19.5个百分点。

（二）碳市场合作对能源消费的影响

碳市场合作使得各地区的实际碳排放发生了变化，从而倒逼各地区的能源消费总量和结构发生改变。通过分析不同碳市场合作情景下各地区的能源消费量和消费结构的变化，决策者可以了解各地区的能源消费变化趋势。因此，本节主要关注2060年不同情景下全球各地区的一次能源消费量（见图3-11）。总体来看，开展碳市场将使各地区的能源消费总量有所降低，其中，在不同的碳市场合作情景下，全球的能源消费总量变化不大，而不同区域之间能源消费量变化有所差别。

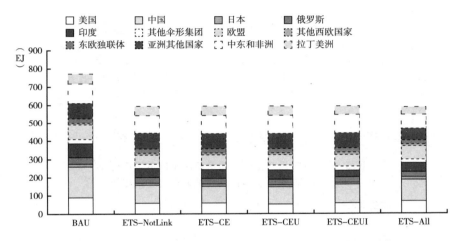

图3-11　2060年不同情景下全球各地区的一次能源消费量

注：EJ表示千兆焦耳，为10的18次方焦耳。

为了更清晰地展现碳市场合作对各地区能源消费量的影响，图3-12展示了相比于碳市场不合作情景，在碳市场完全合作情景下各地区的一次能源消费量随时间变化情况。结果显示，相比于各自单独的碳市场，在碳市场完全合作情景下欧盟、日本和中国等地区的能源消费量有所提高。具体来说，2020年欧盟和日本的一次能源消费量分别提高了14%和12%，2070年各自的一次能源消费量分别提高了63%和57%。主要是因为在开展碳市场合作后，这些地区是碳配额的购买地区，通过在碳市场上购买其他地区的排放配额，国内的碳减排力度减小，从而导致国内的一次能源消费量尤其是化石能源消费量提高。

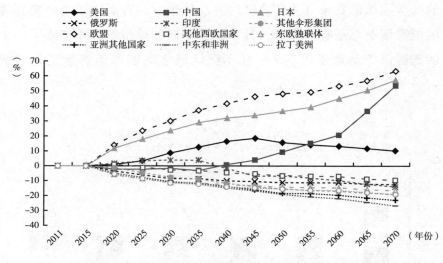

图 3-12　碳市场完全合作情景相比于碳市场不合作
情景下各地区一次能源消费量的变化

注：一次能源消费量变化＝完全合作时消费量÷不合作时消费量。

　　对于中国而言，在 2040 年之前中国的减排目标相对较低，因此开展碳市场合作时中国是碳配额的出售方，通过额外减排促使国内的能源消费量降低。而在 2040 年之后，由于受碳中和目标的约束，中国需要采取更加严格的减排目标，这使得国内的减排成本上升，因此中国倾向于从碳市场上购买配额而非自身减排，从而使得国内的减排力度减小，一次能源消费量有所提高。例如，相比于单独的碳市场，碳市场合作情景下中国在 2060 年的一次能源消费总量提高 21%。印度则正好相反，前期能源消费量提高，而后期则有所降低。

　　对于其他地区而言，如中东和非洲（MAF）与亚洲其他国家（ASIA），开展碳市场合作将使这些地区的一次能源消费量有所下降。因为这些地区的减排成本较低，相比于碳市场上的碳价，这些地区可以通过额外减排来出售碳配额获得收益，降低本地区的能源消费量。

例如对于中东和非洲地区而言，2020 年其一次能源消费量降低了 5%，到 2060 年其降幅逐步提升至 22%。

　　为了进一步探讨不同地区在各种情景下能源消费结构的变化，以图 3-13 反映 2060 年欧盟（主要的碳配额购买地区）和拉丁美洲地区（主要的碳配额出售地区）在不同情况下的能源消费结构变化情

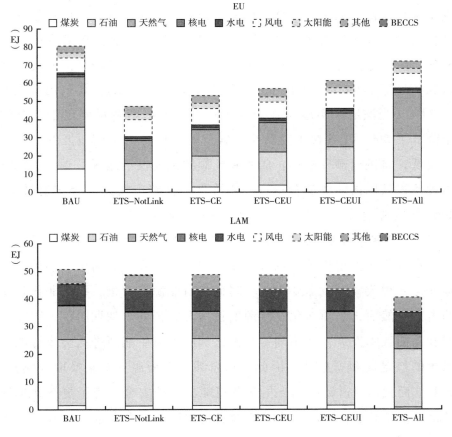

**图 3-13　2060 年欧盟和拉丁美洲地区在不同
情景下的能源消费结构变化**

　　注：BECCS 表示 Biomass Energy with Carbon Capture and Storage，指生物质能源碳捕集与封存。

况。结果显示，基准情景（无碳市场情景）下欧盟在 2060 年的能源消费量达到 81 EJ，其中主要是化石能源消费（煤炭、石油、天然气），占到总能源消费的 79%。当欧盟实施单独的碳市场时，能源消费量下降了 41%，其中化石能源消费量降低了 36 EJ，而非化石能源消费量增加了 2 EJ。随着欧盟参与碳市场合作，通过在碳市场上购买碳配额，欧盟国内的减排幅度下降，能源消费量有所增加。并且随着碳市场合作范围的扩大，欧盟的能源消费量逐步增加。在碳市场完全合作情景下，2060 年欧盟的能源消费量比碳市场不合作情景增加了 53%，其中化石能源消费量增加了 95%。对于拉丁美洲地区来说，在基准情景下，2060 年该地区的能源消费总量为 51 EJ，其中化石能源占 74%。当该地区实施单独的碳市场时，能源消费量相比于基准情景降低了 5%。随着拉丁美洲参与碳市场合作，由于该地区的减排成本较低，将进行额外减排，成为碳配额的主要供给地区，更大的减排力度使得其国内能源消费量进一步降低。在碳市场完全合作情景下，2060 年能源消费量比碳市场不合作情景下降了 17%。

（三）碳市场合作对非化石能源占比的影响

在碳市场上出售碳配额可以获得相应的碳收益。为了更多地出售碳配额获得收益，就需要大幅度降低化石能源消费量，提高非化石能源占比。然而，当前非化石能源的技术发展仍处于初期阶段，智能电网和储能技术发展存在不确定，高比例的可再生能源进入会降低能源系统的稳定性和安全性。因此，这就涉及以能源安全来换取碳收益，其对立面就是通过碳配额支出来获得能源系统安全。为了更好地把握碳市场合作对于各地区非化石能源发展的影响，本书进一步分析了不同情景下各地区的非化石能源占比的变化情况。图 3-14 展示了 2060 年碳市场不合作和碳市场完全合作情景下各地区非化石能源占比及其变化。

结果显示，通过参与碳市场合作，欧盟、中国和美国等地区的

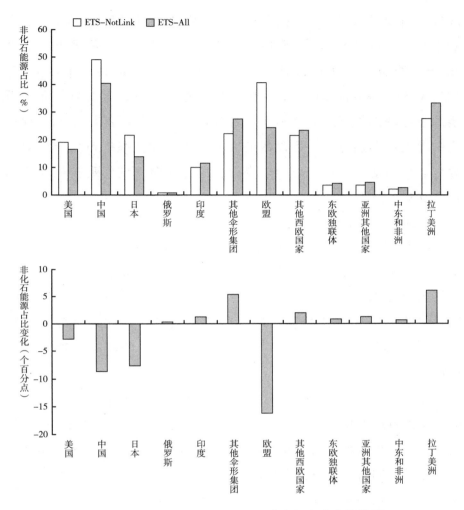

**图 3-14　2060 年碳市场不合作和碳市场完全合作情景下
各地区非化石能源占比及其变化**

注：图中各情景含义如下，碳市场不合作（ETS-NotLink），碳市场完全合作（ETS-All）。

非化石能源占比降低，说明这些地区通过碳配额支出换取能源系统安全，而拉丁美洲和其他伞形集团等地区的非化石能源占比提高，以能源安全来换取碳收益。具体来说，在碳市场不合作情景下，

2060 年中国和欧盟的非化石能源占比分别达到 49% 和 41%，而在碳市场合作情景下，中国和欧盟的非化石能源占比分别降低了 9 个和 16 个百分点。相反，对于拉丁美洲和其他伞形集团地区而言，相比于碳市场不合作情景，在碳市场合作情景下，其各自的非化石能源占比分别提高了 6 个和 5 个百分点，是非化石能源占比增幅最大的地区。上述分析，可以帮助决策者更好地把握碳市场合作对各地区非化石能源发展的影响以及为各地区能源系统转型提供相应的信息支撑。

（四）碳市场合作对污染物排放的影响

碳配额的交易会使各区域的实际碳减排发生变化，与此同时，碳交易也通过影响各地区的部门产出和能源消费结构使得局部地区污染物排放发生变化。值得注意的是，碳排放具有全球属性，而污染物的排放主要是影响局部的环境质量，因此通过分析碳市场带来的局部地区环境污染物的排放，可以了解碳减排所带来的协同效应。

图 3-15 表示碳市场不合作情景和碳市场完全合作情景下各地区的污染物排放变化，图 3-16 表示两种情景下各地区的污染物排放变化差异。结果显示，欧盟和美国等地区在通过购买碳配额降低本地区的碳减排的同时，也使得本地区的污染物减排幅度降低，污染物排放总量增加，损害了环境质量。相反，亚洲其他国家（ASIA）与中东和非洲（MAF）等地区通过出售碳配额加大了本地区的碳减排力度，同时也使得局部地区污染物减排幅度提高，污染物排放总量降低，改善了环境质量。例如，对于欧盟而言，在碳市场不合作（ETS-NotLink）情景下，SO_2 和 NO_x 的排放在 2060 年将分别减少 50% 和 36%，然而在碳市场完全合作（ETS-All）情景下，欧盟的 SO_2 和 NO_x 的排放分别减少 18% 和 7%，使局部环境改善的效果大打折扣。相反，对于中东和非洲（MAF）与拉丁美洲（LAM）地区而言，碳市场合作使得其

SO_2 排放降幅分别额外提高了 16 个和 10 个百分点，这意味着这些地区在实现额外碳减排的同时也改善了环境质量，获得了减碳降污的协同收益。

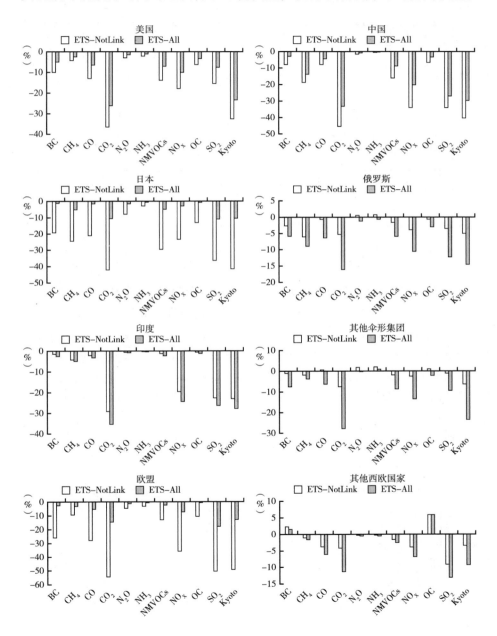

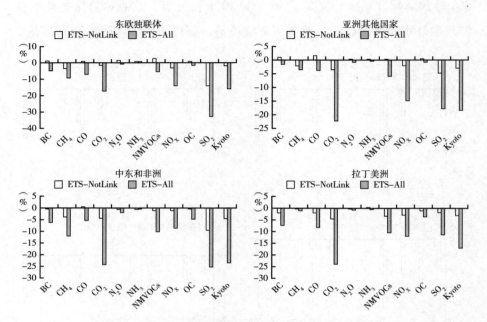

**图 3-15   碳市场不合作情景和碳市场完全合作
情景下各地区的污染物排放变化**

注：黑炭（BC）、甲烷（CH$_4$）、一氧化碳（CO）、二氧化碳（CO$_2$）、氧化亚氮（N$_2$O）、氨气（NH$_3$）、非甲烷挥发性有机物（NMVOCs）、氮氧化物（NO$_X$）、有机碳（OC）、二氧化硫（SO$_2$）、京都气体［Kyoto gas，《京都议定书》规定的温室气体，具体包括二氧化碳（CO$_2$）、氧化亚氮（N$_2$O）、甲烷（CH$_4$）、六氟化硫（HFCs）、三氟化氮（NF$_3$）、氢氟碳化物（HFCs）、全氟碳化物（PFCs）］。余图同。

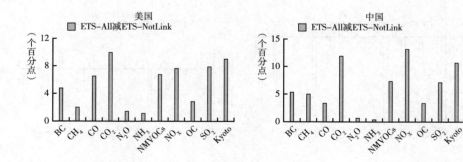

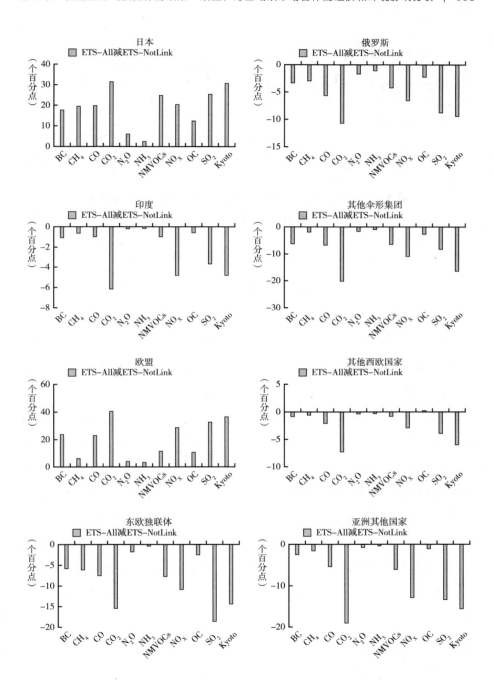

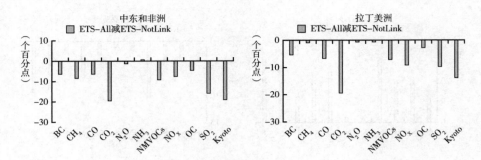

图 3-16　碳市场不合作情景和碳市场完全合作情景下
各地区的污染物排放变化差异

第三节　结论与启示

建立多区域碳市场合作是以较低的成本实现全球减排目标的重要措施。因此，本书基于全球多区域、多部门可计算一般均衡模型，探讨了不同碳市场合作情景下经济和能源环境影响。

（1）在碳市场不合作（ETS-NotLink）情景下，各地区的边际减排成本（MAC）存在明显差异。其中欧盟的碳价最高（423 美元/吨 CO_2），其次是日本（234 美元/吨 CO_2）和中国（182 美元/吨 CO_2）。开展全球碳市场合作使得碳价水平显著下降，各地区平均为 66 美元/吨 CO_2。从局部的碳市场合作来看，当中国、欧盟、美国和印度四区域开展碳市场合作时，中国在 2040 年后参与碳市场可以降低其MAC，相反，较早地参与区域碳市场合作将会提高中国的 MAC。主要因为前期中国的高碳化石能源占比较高，相较于参与碳市场合作，中国单独实施减排的成本较低，而后期随着化石能源占比降低，减排成本逐步提高，参与碳市场合作可以降低减排成本。

（2）碳市场合作可以有效地降低全球 GDP 损失，但是对于各地区而言，碳市场合作对各自的 GDP 影响有所差异。具体来说，在碳市场不合作情景下，全球 GDP 损失最大，2070 年全球 GDP 损失率为 1.45%。当建立碳市场合作时，即使是局部的中国和欧盟开展碳市场合作也可以有效地减小全球 GDP 损失。并且当所有区域进行碳市场合作时，GDP 损失最小。2070 年碳市场合作情景下全球 GDP 损失率降至 0.76%。从区域层面来看，实施碳减排将对所有地区的 GDP 产生不利影响，其中对俄罗斯的 GDP 影响最大，其次是欧盟、中东和非洲（MAF）地区。此外，碳市场合作将使得欧盟、美国和日本等地区的 GDP 损失率降低，而对于东欧独联体（EES）和亚洲其他国家（ASIA）而言，碳市场合作使得这些地区的 GDP 损失加大。此外，对于中国和拉丁美洲（LAM）地区来说，近期的 2030 年碳市场完全合作使得各自的 GDP 损失加大，而远期的 2060 年碳市场完全合作则会减小其 GDP 损失，说明这些地区过早加入碳市场合作不利于其经济发展，而推迟参与碳市场合作可以避免对 GDP 的不利影响。对于印度而言则正好相反，印度在 2030 年参与碳市场合作将会减小其 GDP 损失，而 2060 年参与碳市场合作将会使其 GDP 损失加大。

（3）对于政府收入而言，实施碳市场（无论合作与否）将对各地区的政府收入产生不利影响，但是各地区受影响程度有很大差异。具体来说，在碳市场完全合作情景下，受影响最大的地区是俄罗斯、东欧独联体（EES）与中东和非洲（MAF）地区。其中 2060 年俄罗斯、东欧独联体（EES）与中东和非洲（MAF）地区的政府收入分别降低了 8.5%、5% 和 3.9%。但是，相比于单独的碳市场，碳市场完全合作对各地区政府收入影响的幅度和方向有所不同。碳市场合作使得欧盟、日本和中国等地区的政府收入下降幅度减小，而使得东欧独联体（EES）、印度和俄罗斯等地区的政府收入下降幅度增大。具体来说，2060 年碳市场合作使欧盟和日本的政府收入降幅分别降低了 4 个和 1.9 个百分点，而东欧独联体（EES）和印度的政府收入降幅则分别提高了 2.2 个和 1.1 个百分点。因此，从降低政府收入损失的角度来说，碳市场合作对欧盟和日本等地区有利，而将加大对东欧独联体（EES）和印度等地区的不利影响。

（4）针对碳配额的收入和支出方面，开展全球碳市场合作时，欧盟、中国和美国将成为主要的碳配额①购买地区，而中东和非洲（MAF）与亚洲其他国家（ASIA）等地区是碳配额的主要出售地区。从时间维度来看，随着减排目标的加大，欧盟是最大的碳配额购买地区，碳配额购买量将从 2020 年的 6.1 亿吨 CO_2 增加到 2070 年的 24.2 亿吨 CO_2。对于中国而言，2040 年前中国将通过出售碳配额来获得收益，而在 2040 年后随着自身碳减排目标的逐步提高和减排成本的提高转变为碳配额的购买方，中国在 2070 年购买的碳配额量将达到 29.5 亿吨 CO_2。

（5）在能源消费方面，碳市场合作使得欧盟、日本和美国等碳配额购买地区内部的能源消费量增加，而中东和非洲（MAF）与亚洲其他国家（ASIA）等碳配额出售地区的能源消费量将会降低。例如，相比于碳市场不合作情景，碳市场完全合作情景下 2060 年欧盟和日本的能源消费量分别增加了 53% 和 45%。对于中国而言，2040 年前中国的能源消费量将会降低，而在 2040 年后由于受更加严格减排目标的约束，中国成为碳配额的购买方，使得国内的能源消费量提高。例如，相比于碳市场不合作情景碳市场完全合作情景下 2060 年中国的能源消费总量将提高 21%。此外，通过参与碳市场合作，欧盟、中国和美国等地区的非化石能源占比降低，而拉丁美洲和其他伞形集团等地区的非化石能源占比提高。其中相比于碳市场不合作情景，2060 年欧盟和中国的非化石能源占比分别降低了 16 个和 9 个百分点。相反，对于拉丁美洲和其他伞形集团地区而言，相比于碳市场

---

① 本书中"碳配额"也简称"配额"。

不合作情景，在碳市场完全合作情景下其各自的非化石能源占比分别提高了 6 个和 5 个百分点，是非化石能源占比增幅最大的地区。

（6）针对各地区污染物排放的变化，结果显示在碳市场合作情景下，欧盟和美国等地区通过购买碳配额减小本地区碳减排力度的同时，也使自身的污染物减排幅度降低，致使本地区的污染物排放增加，损害了环境质量。相反，亚洲其他国家（ASIA）与中东和非洲（MAF）等地区通过出售碳配额加大了本地区的碳减排力度，同时也使得局部地区污染物减排幅度提高，减少了本地的污染物排放。这意味着开展碳市场合作在改变各区域碳减排行为的同时，也使得各地区的污染物排放发生改变，带来了相应的协同收益和成本。因此，在采取碳交易合作降低减排成本的同时，也需要关注相应的局部地区污染物排放变化带来的环境协同影响。

第四节　本章小结

有效地应对气候变化需要各国开展减排合作。碳市场合作作为基于市场的减排措施获得了较多的关注和讨论。欧盟碳市场是现有较为成熟的碳市场，中国也即将开展全国碳市场。越来越多的国家和地区陆续提出更具约束力的碳达峰和碳中和等减排目标。因此，在碳中和目标下探讨各地区碳市场合作的经济和能源环境影响能够为政策的实施提供科学依据。具体来说，本章首先综合考虑了碳市场不合作、主要排放地区局部合作以及全球碳市场完全合作等多种情景，分析碳市场合作对于各地区边际减排成本和 GDP 的影响，并探讨了各地区的碳配额流动以及相应的收入支出情况。其次，在政府和受影响的利益主体层面，分析了碳市场合作对各地区政府收入和各部门产出的影响。再次，在能源和环境影响方面探讨了碳市场合作对碳排放和能源消费的影响，并分析了碳市场合作对各国非化石能源占比的影响。非化石能源的占比涉及能源系统的稳定性。在智能电网和储能技术发展仍存在不确定性的情况下，较高的非化石能源占比加大了能源系统的不确定性。最后，通过碳配额交易使得各地区的实际碳减排发生了变化，但是附带的局部地区污染物排放的变化是由各国、各地区自己承担的。因此，本书额外考虑了碳市场合作带来的各地区污染物排放的变化，用来反映减排政策的协同收益和成本。本书也存在一些不足之处。例如当前假设各地区的碳配额以完全拍卖的方式发放，并且假设碳配额在各区域间完全流通。而实际上关于碳配额的分配有多种方式，包括免费发放和拍卖，免费发放又可以基于不同的原则进行分配，拍卖收入的分配也存在多种方式。不同的碳配额分配机制也将对分析结果产生相应的影响。此外碳配额的可流动性和跨期交易也将促使各交易主体以较低的成本来实现减排目标。因此，未来可以进一步针对碳配额分配方式和流动程度展开分析来评估碳交易合作的相关影响。

第四章　全球不同减排合作方式的影响评估：基于纳入能源要素的 RICE-China 模型[*]

　　中国作为全球最大的能源消费国和碳排放国家，在能源转型和减排目标实现的过程中扮演重要的角色并受到其他国家的广泛关注。因此，在前两章探讨如何提高各国间减排参与度及政策一致性的基础上，进一步从全球层面分析各区域间不同减排合作方式对于中国碳排放以及能源需求的影响，可以为中国实现碳减排和能源转型提供决策支撑。在此前章节的讨论中，主要借助可计算一般均衡（CGE）模型针对全球减排合作问题进行探讨。然而，全球 CGE 模型也存在一些不足之处。首先，CGE 模型虽然详细地刻画了宏观经济系统不同主体的相互作用，但未能包含气候系统对经济系统的反馈效应。其次，全球 CGE 模型实现的全局最优均衡可以理解为各区域以平等的方式（等权重）进行合作减排，无法模拟不同合作方式（不同的权重）下各区域的减排行为。因此，为了分析全球各区域间不同合作方式下中国的能源消费和转型问题，本章基于区域气候和经济动态综合评估模型（Regional Integrated Model of Climate and the Economy，RICE），细化中国的能源建模结构，构建了 RICE-China 模型。RICE

---

　　[*] 本章内容主要源自英文期刊《能源》2023 年第 285 卷发表的张坤、梁巧梅、魏一鸣等撰写的《全球不同减排合作方式下中国的碳排放和能源需求：基于纳入能源细节的 RICE 模型扩展应用》，并根据最新研究动态有所调整。

模型由 2018 年诺贝尔经济学奖获得者威廉·诺德豪斯教授构建，由于其简洁和透明的优势得到广泛应用。然而，RICE 模型将碳排放直接与产出相联系，并未包含能源消费，从而无法用来分析气候政策对于能源消费的影响。考虑到目前温室气体的主要来源是能源消费，绕过能源谈碳减排是不合适的，所以需要将能源和碳排放结合起来讨论减排问题。

全球和各国的能源转型问题在现有研究中也得到较多的关注。在具体的能源建模方面，能源系统优化模型得到广泛应用（Burandt et al.，2019；Dowling，2013；Vishwanathan and Garg，2020）。能源系统优化模型包含了详细的自下而上的技术特征，利用线性规划技术基于成本最小化原则提高能源技术装机容量及其使用水平（DeCarolis et al.，2017）。然而，针对气候变化政策建模的挑战艰巨，因为它涉及多个学科的交互影响。单一的能源系统优化模型难以完整捕捉气候变化的整体影响。因此，综合考虑经济系统、气候系统和碳循环系统的气候变化综合评估模型（Integrated Assessment Model，IAM）得到较多的关注，被越来越多地运用于各种国际气候政策评估。一些研究人员借助 IAM 对能源转型问题进行探讨，包括全球能源转型的模式和差异性以及特定国家能源转型的成本和路径（Fujimori et al.，2019；Pan et al.，2017；Rogelj et al.，2015；Van Sluisveld et al.，2015）。目前构建的 IAM 中既包含小而精的模型（Nordhaus，2018；Nordhaus，2010），也包括具有多达几十万个变量的巨大模型（Bauer et al.，2016；De Cian et al.，2012；Messner and Schrattenholzer，2000）。小型的 IAM 可以进行完整的成本和收益分析，但在区域和行业细化刻画上比较薄弱；而较大的 IAM 虽然提供了详细的信息，但透明度较低以及无法进行完整的不确定性分析（Nordhaus，2017）。

鉴于 RICE 模型简洁和透明的优势，本章基于 RICE 模型构建了 RICE-China 模型，目前重点关注中国的能源消费问题，因此仅详细地刻画了中国的能源建模结构。具体来说，在保持其他区域建模结构不变的基础上，将能源作为一种生产要素纳入中国的生产函数，并考虑了不同种类的化石能源和非化石能源。RICE-China 模型的优势是在保持 RICE 模型简洁和透明的基础上，细化中国的能源建模结构，使其能够被应用于更具体的中国能源消费和转型研究。最后，借助 RICE-China 模型，探讨了全球各区域间不同的减排合作方式对中国经济、能源需求和碳排放的影响，为中国实现碳减排目标以及能源转型提供决策依据。

第一节　RICE-China 模型

一　模型框架介绍

RICE 模型作为一个全球气候变化综合评估模型，优势在于模型结构既简洁又能全面地刻画气候变化的减排成本与气候损失之间的权衡优化问题，同时，可以考虑不同权重（不同的合作方式）下各区域最优的减排路径。RICE 模型是在经济增长理论框架下探讨气候变化问题。在标准的新古典主义最优增长模型——拉姆齐模型中，社会对资本品进行投资，从而减少今天的消费以增加未来的消费。RICE 模型修改了拉姆齐模型，使其考虑了气候投资，类似于主流模型中的资本投资。把温室气体的浓度当作"负的资本"，将减排看作降低这种负的资本的数量。实施碳减排虽然会降低当前的消费，但是会提高未来的消费可能性（Nordhaus，2011）。

RICE 模型考虑多个区域，每个区域都有各自的偏好，由"社会福利函数"表示，该函数决定了各区域消费和投资路径的选择。社会福利函数在每一代人的人均消费中是递增的，同时消费的边际效用逐渐减少。一代人的人均消费的重要性取决于其相对规模。不同世代人的相对重要性通过纯粹的时间偏好来体现。假设每个地区生产一种商品，既可用于消费也可用于投资。在模型中关于福利的所有变化，也包括那些由气候变化所引起的福利变化，都体现在对这单一商品的消费变化之中。因此，模型中把对这种消费称为广义消费（Nordhaus and Boyer，2000）。

接下来将介绍 RICE 模型的建模结构。RICE 模型包含了从经济到气候变化到损失的所有因素。从总产出中减去减排成本和气候损失得到净产出。净产出用于投资和消费。方程 4.1~4.9 为 RICE 模型的原始方程。

$$Q_i(t) = \Omega_i(t) Y_i(t) \qquad (4.1)$$

$$Q_i(t) = C_i(t) + I_i(t) \qquad (4.2)$$

其中，$Q_i(t)$ 为第 t 期第 i 区域的净产出，$\Omega_i(t)$ 为第 t 期第 i 区域减排成本和气候损失导致的总产出变化的比例因子，$Y_i(t)$ 为第 t 期第 i 区域总产出，$C_i(t)$ 为第 t 期第 i 区域消费，$I_i(t)$ 为第 t 期第 i 区域投资。

假设每个地区生产单一的商品，可用于消费和投资。每个地区都具有初始的资本和劳动力，并具有初始的和地区特有的技术水平。总产出是资本、劳动和技术的函数，由柯布-道格拉斯（Cobb-Douglas）生产函数来表示。

$$Y_i(t) = A_i(t) K_i(t)^\gamma L_i(t)^{(1-\gamma)} \qquad (4.3)$$

其中，$K_i(t)$ 为第 t 期第 i 区域资本存量，$L_i(t)$ 为第 t 期第 i 区域人口数量，$A_i(t)$ 为第 t 期第 i 区域技术规模参数，γ 为资本份额参数。

RICE 模型将碳排放与产出直接挂钩，排放量等于总产出乘以排放强度，土地利用相关的排放趋势为外生给定。通过减排可以降低总排放，与此同时减排需要付出相应的成本。

$$E(t) = \sum_i E_i(t) + E_{Land}(t) \qquad (4.4)$$

$$E_i(t) = [1 - \mu_i(t)] \, \sigma_i(t) Y_i(t) \qquad (4.5)$$

$$\Omega_i(t) = \frac{1 - b_{1,i}\mu_i(t)^{b_{2,i}}}{1 + a_{1,i}T_{AT}(t)^{a_{2,i}}} \qquad (4.6)$$

其中，$E_i(t)$ 为碳排放，$\mu_i(t)$ 为排放控制率，$\sigma_i(t)$ 为碳强度，$T_{AT}(t)$ 为大气平均温度变化，a 为气候损失方程的相关参数，b 为减排成本方程的相关参数。如果不实施减排，则由于排放增加而提高大气中的温室气体浓度。温室气体的积累通过增加辐射，提高地表平均温度，增加气候损失。

RICE 模型包含了一个简化的地球物理模块，包含了影响气候变化的不同因素之间的联系。主要涉及碳排放、浓度、辐射强迫、温升之间的变化关系。每一部分都是从更复杂的模型中得出，进行简化后再纳入 RICE 模型。温室气体排放主要包括二氧化碳排放，其他导致全球变暖的因素被认为是外生的。该模块使用一个三层存储模型校准现有的碳循环模型。气候变化用全球平均表面温度变化来表示。

$$\begin{cases} M_{AT}(t) = E(t) + \phi_{11}M_{AT}(t-1) + \phi_{21}M_{UP}(t-1) \\ M_{UP}(t) = \phi_{12}M_{AT}(t-1) + \phi_{22}M_{UP}(t-1) + \phi_{32}M_{LO}(t-1) \\ M_{LO}(t) = \phi_{23}M_{UP}(t-1) + \phi_{33}M_{LO}(t-1) \end{cases} \qquad (4.7)$$

$$F(t) = \eta \cdot \log_2\left[\frac{M_{AT}(t)}{M_{AT}(0)}\right] + F_{EX}(t) \qquad (4.8)$$

$$\begin{cases} T_{AT}(t) = T_{AT}(t-1) + \xi_1[F(t) - \xi_2 T_{AT}(t-1) - \xi_3[T_{AT}(t-1) - T_{LO}(t-1)]] \\ T_{LO}(t) = T_{LO}(t-1) - \xi_4[T_{AT}(t-1) - T_{LO}(t-1)] \end{cases} \qquad (4.9)$$

其中，$M_{AT}(t)$、$M_{UP}(t)$、$M_{LO}(t)$ 分别为大气、深层海洋和浅层海洋三层存储库的碳浓度，$F(t)$ 为辐射强迫，$T_{AT}(t)$、$T_{LO}(t)$ 分别为大气平均地表温度、浅层海洋温度的变化，ϕ、η、ξ 为相关参数。

从上述描述可知，RICE 模型将碳排放与总产出直接挂钩，并没有在模型中考虑能源需求。因此，如果要分析减排政策对能源需求的影响则需要进一步改进模型，加入能源要素。CGE 模型在能源建模结构上考虑得比较细致，详细刻画了多种类型的能源资源，如化石能源（煤炭、石油、天然气）和清洁能源（风能、太阳能等），同时具有更细的部门划分。例如第二章所使用的全球 CGE 模型包含了 27 个部门，并考虑了多种能源技术，如风能、核能以及太阳能等。然而，多数的 CGE 模型是递归动态的，并非从全局最优的角度求解。此外，CGE 模型是从各国之间等权重的角度进行考虑的，难以考虑各区域间不同的合作情景（考虑不同的福利权重）。最后，绝大部分的 CGE 模型致力于评估气候政策实施所带来的经济影响和能源环境变化，并不包含气候损失模块。考虑到气候变化是一个全球的外部性问题，因此，在制定最优的减排决策时，需要将气候损失纳入其中，综合考虑减排成本和气候损失的权衡。

因此，从全球层面评估气候政策对于能源需求的影响，就有必要将全球 IAM 中的能源建模结构进行细化。一种思路是将 IAM 与具有详细能源结构的 CGE 模型进行耦合。然而在具体的耦合方面仍然存在一些问题，例如，将 IAM 的非合作解与 CGE 模型进行耦合仍然难以实现，因为 CGE 模型不包含各种解的概念。另一种思路也就是本章所采取的方式，将现有的 IAM 的建模结构进行细化，将能源作为生产函数的一个投入要素引入 RICE 模型中，构建 RICE-China 模型，分析全球不同的减排合作对中国能源需求的影响。

具体而言，在描述中国的总产出时，保持其他国家的生产函数形式不变，将能源要素纳入中国的生产函数结构之中，并考虑不同能源种类。我们以柯布-道格拉斯（Cobb-Douglas）生产函数的形式将能源要素引入生产函数，并将其与资本和劳动结合来形成产出。这种引入方式与现有研究保持一致。使用柯布-道格拉斯生产函数形式主要是为了符合经典的索洛模型的基本假设。首先，产出对于资本、劳动和能源是规模报酬不变的，即当资本、劳动和能源的投入翻番时，产出也将翻番。其次，柯布-道格拉斯生产函数满足稻田条件（Inada Condition），即当资本存量极小时，资本的边际产出很大；而当资本存量极大时，资本的边际产出很小。稻田条件的作用是保证经济的路径不会发散。因此，对于中国而言，生产函数修改如下。

$$Y(t) = A(t)K(t)^\gamma L(t)^\beta ED(t)^{(1-\gamma-\beta)} \tag{4.10}$$

其中 $ED(t)$ 为能源需求。在能源需求中考虑了不同的能源品种，包括化石能源和非化石能源，并采用常替代弹性（Constant Elasticity of Substitution，CES）函数进行刻画。由于重点关注中国问题，因此本书目前仅细化了中国的能源建模结构，其他国家的生产结构保持不变。

$$ED(t) = A_f \cdot [\alpha \cdot FE(t)^\rho + (1-\alpha) \cdot NFE(t)^\rho]^{\frac{1}{\rho}} \tag{4.11}$$

其中，$FE(t)$ 为化石能源需求，$NFE(t)$ 为非化石能源需求，A_f 为技术参数，α 为规模参数，ρ 为弹性系数。

关于化石能源又分别考虑了煤炭、石油、天然气三种，以 CES 函数表示。

$$
\begin{aligned}
FE(t) = A_{ff} \cdot [\,&\alpha_C \cdot Q\_FE_{'coal'}(t)^{\sigma_{FF}} \\
+ &\alpha_G \cdot Q\_FE_{'gas'}(t)^{\sigma_{FF}} \\
+ &(1-\alpha_C-\alpha_G) \cdot Q\_FE_{'oil'}(t)^{\sigma_{FF}}]^{(\frac{1}{\sigma_{FF}})}
\end{aligned} \tag{4.12}
$$

其中，$Q\_FE_j(t)$ 分别为第 $j \in (coal, gas, oil)$ 类化石能源的需求量，A_{ff} 为技术规模参数，α_C、α_G 为份额参数，σ_{FF} 为弹性系数。

化石能源的使用遵循可耗竭资源经济学的开采函数。考虑到中国的煤炭资源丰富，国内的煤炭消费主要来自国产，因此，在煤炭的需求函数形式中，仅考虑国内煤炭开采供给。

$$
\begin{cases}
\sum_{t} Q\_FE_{'coal'}(t) < S_0 \\
Sr(t+1) = S_0 - \sum_{s \leq t} Q\_FE_{'coal'}(s) \\
Sr(t_0) = S_0 \\
CumC(t) = \sum_{s \leq t} Q\_FE_{'coal'}(s)
\end{cases}
\tag{4.13}
$$

其中，S_0 为初始可开采储量，$Sr(t+1)$ 为第 $t+1$ 期的剩余储量，$CumC(t)$ 为累计需求量。

关于石油和天然气的需求，本书考虑了国内生产和进口两个部分，由阿明顿（Armington）函数表示。因为石油和天然气的函数形式一致，此处以天然气（gas）为例进行表示。

$$
Q\_FE_{'gas'}(t) = A_{gas} \cdot [\alpha_{MG} \cdot M\_FE_{'gas'}(t)^{\rho_G} + (1 - \alpha_{MG}) \cdot D\_FE_{'gas'}(t)^{\rho_G}]^{\frac{1}{\rho_G}}
\tag{4.14}
$$

$$
\begin{cases}
\sum_{t} D\_FE_{'gas'}(t) < SSG_0 \\
Srg(t+1) = Srg(t) - D\_FE_{'gas'}(t) \\
Srg(t_0) = SSG_0 \\
CumG(t) = \sum_{s \leq t} D\_FE_{'gas'}(s)
\end{cases}
\tag{4.15}
$$

$$
CumGM(t) = \sum_{s \leq t} M\_FE_{'gas'}(s)
\tag{4.16}
$$

其中，$M\_FE_{'gas'}(t)$ 为天然气的进口需求，$D\_FE_{'gas'}(t)$ 为天然气的国内需求，SSG_0 为初始可开采储量，$Srg(t+1)$ 为第 $t+1$ 期剩余储量，$CumG(t)$ 为累计国内需求量，$CumGM(t)$ 为累计进口需求量。

使用能源需要相应的成本，因此各种能源消费的成本将从总产出中减去。随着化石能源的使用，其成本将会快速上升，其成本函数形式参考现有文献（Nordhaus and Boyer, 2000）。能源使用成本包含两部分，第一部分表示当前化石能源使用的边际成本，此成本与稀缺性无关。第二部分表示逐步上升的成本，随着化石资源的逐步耗竭，其成本增长迅速。

$$
\begin{aligned}
I(t) = {}& Y(t) - C(t) \\
& - \left\{ c_1 + d_1 \cdot \left\{ \frac{CumC(t)}{S_0} \right\}^4 \cdot Q\_FE_{'coal'}(t) \right\} \\
& - \left\{ c_2 + d_2 \cdot \left\{ \frac{CumO(t)}{SS_0} \right\}^4 \cdot D\_FE_{'oil'}(t) \right\} \\
& - \left\{ c_3 + d_3 \cdot \left\{ \frac{CumG(t)}{SSG_0} \right\}^4 \cdot D\_FE_{'gas'}(t) \right\} \\
& - M\_FE_{'oil'}(t) \cdot P_{'oil'}(t) \\
& - M\_FE_{'gas'}(t) \cdot P_{'gas'}(t) \\
& - NFE(t) \cdot P_{nfe}(t)
\end{aligned}
\tag{4.17}
$$

其中，$I(t)$ 为投资，$C(t)$ 为消费。c 和 d 为化石能源成本的相关参数，$CumC(t)$ 为煤炭的累计国内需求量，$CumO(t)$ 为石油的累计国内需求量，$CumG(t)$ 为天然气的累计国内需求量。$M\_FE_j(t)$ 为相关化石能源的进口需求，$P_i(t)$ 为相关能源价格。

各区域有自己的社会福利偏好，各区域的福利函数是各期人口加权的人均效用函数的贴现，然后加总求和。

$$
W_i = \sum_t U[c_i(t), L_i(t)] R(t)
\tag{4.18}
$$

其中，W_i 为各区域的目标函数，$U[c_i(t), L_i(t)]$ 为各区域消费的效用，$c_i(t)$ 为各时期的人均消费，$L_i(t)$ 为各时期的人口，$R(t)$ 为时间偏好贴现因子。

在合作情景下，目标是实现社会总体福利的最大化。

$$
W = \sum_i \sum_t \{ \varphi_i \cdot U[c_i(t), L_i(t)] \cdot R(t) \}, \quad \sum_i \varphi_i = n
\tag{4.19}
$$

其中，$\varphi_i(i = 1, 2, \cdots, 6)$ 为各区域的社会福利权重，本书考虑 6 个区域，所有区域的权重之和为区域个数（6 个）。社会福利权重是指个体收益的边际社会福利。社会福利权重是对于寻找不同的最优解和进行福利分析的重要指标。此外，通过求解方程 4.19 可以计算合作情景下的最优减排量。目标函数是消费者预算约束下的社会福利最大化，满足三个约束条件。首先，社会福利权重大于0。其次，消费的边际效用总是正数。最后，方程4.19需要满足方程相关条件的约束。此外，常用的福利权重包括等权重（Utilitarian）和林达尔（Lindahl）权重。等权重表示各国之间平等对待，所有国家的权重均为1。等权重是经济学分析中最常用的社会福利权重，假设各个国家的边际福利相等。林达尔权重是指在有外部性的情况下，经济体实现各国最优的福利权重，即各国相对于非合作情景下自身的福利都有所改进，并且全球福利改进幅度最大。因此，该权重是让各国都能接受的福利权重分配方案。为了更清楚地展示研究内容，图4-1给出RICE-China模型的基本框架，刻画了区域经济部门和全球地球物理部门之间的相互作用。

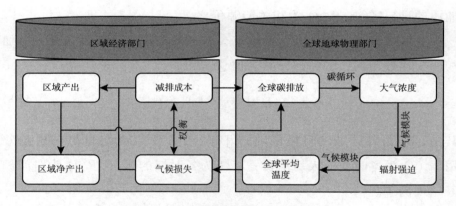

图4-1　RICE-China模型的基本框架

二　数据来源及处理

RICE-China模型在模型基期和参数设置等方面对RICE模型进行了更新。全球划分为六大区域，分别为美国、其他高收入国家、欧盟国家、中国、东欧国家、世界其他地区。考虑到各类模型的数据源和各种数据的最新可获基年数据不同，根据数据可获性和研究需要，本章选取模型基期为 2015 年，每期为五年的规划期。人口数据来自联合国（United Nations，2019），国内生产总值数据来自世界银行（World Bank，2019），资本存量数据来自国际货币基金组织（IMF，2017），碳排放数据来自 CDIAC 数据库（CDIAC，2019）。表 4-1 展示了 2015 年各区域社会经济及碳排放数据。各种能源消费的基年数据来自《中国能源统计年鉴（2018）》（国家统计局能源司，2018）。2015 年中国能源消费量为 43 亿吨标准煤，其中化石能源比例为 88%，非化石能源比例为 12%。中国各种能源的可开采储量来自英国石油公司 BP 世界能源统计回顾（BP，2018）。

表 4-1 2015 年各区域社会经济及碳排放数据

区域	GDP（万亿美元，2011 年不变价）	资本存量（万亿美元，2011 年不变价）	人口（亿人）	碳排放 [GtC（十亿吨碳）]
USA	17.060	32.957	0.321	1.398
OHI	14.262	34.019	0.372	0.959
EUS	12.898	28.793	0.320	0.588
CHN	18.559	49.296	1.407	2.767
EEC	6.329	10.423	0.294	0.691
ROW	37.802	69.128	4.632	2.793

注：美国（USA）、其他高收入国家（OHI）、欧盟国家（EUS）、中国（CHN）、东欧国家（EEC）、世界其他地区（ROW）。

三 参数设置

RICE-China 的模型参数主要参考原始的 RICE 模型和更新的 DICE 2020 模型。表 4-2 表示经济模块主要参数设置，表 4-3 表示气候模块主要参数设置。

表 4-2 经济模块主要参数设置

参数名称	含义	取值
δ	贴现率	0.03
γ	资本份额参数	0.3
β	劳动份额参数	0.7(其他区域)
		0.65(中国)
$1-\alpha-\beta$	能源份额参数	0.05(中国)
δ_K	资本存量折旧率	0.1

表 4-3 气候模块主要参数设置

参数名称	含义	取值
$TE0$	初始大气平均温度变化	0.8
$TL0$	初始深层海洋平均温度变化	0.4
SAT	大气平均温度调整速度系数	0.215
CS	碳排放加倍时大气平均温度变化	2.9078
$HLAL$	大气到深层海洋的热量损失系数	0.44
$HGLA$	深层海洋的热量吸收系数	0.02

四 未来社会经济发展趋势设置

关于主要参数未来变化趋势的设置,包括未来人口增长、技术进步参数和碳排放强度的变化。其中,人口增长趋势的变化如下。

$$\begin{cases} L_i(t) = L_i(0) \cdot e^{LCGR_i(t)} \\ LCGR_i(t) = \dfrac{LGR_i}{LGRGR_i} \cdot [1 - e^{-(t-1) \cdot LGRGR_i/100}] \end{cases} \qquad (4.20)$$

其中,$L_i(0)$ 为基期各区域的人口,$LCGR_i(t)$ 为第 t 期各区域累计的人口增长率,LGR_i 为各区域的人口增长率,$LGRGR_i$ 为各区域人口增长率的变化率。

关于技术进步参数的设置，对于除中国以外的其他所有地区而言，其技术进步的校准如下。

$$
\begin{cases}
A_i(0) = Y_i(0) \cdot [1 + a_{1,i} T_{AT}(0)^{a_{2,i}}] / [K_i(0)^{\gamma} \cdot L_i(0)^{1-\gamma}] \\
A_i(t) = A_i(0) \cdot e^{(TFPGR_i \cdot e^{[-TFPGRGR_i \cdot (t-1)]} \cdot (t-1))}
\end{cases}
\tag{4.21}
$$

对于中国而言，由于考虑了能源要素，因此技术进步参数的校准和其他地区有所区别，具体如下。

$$
\begin{cases}
A_i(0) = Y_i(0) \cdot [1 + a_{1,i} T_{AT}(0)^{a_2}] / [K_i(0)^{\gamma} \cdot L_i(0)^{\beta} \cdot ED(0)^{(1-\gamma-\beta)}] \\
A_i(t) = A_i(0) \cdot e^{(TFPGR_i \cdot e^{[-TFPGRGR_i \cdot (t-1)]} \cdot (t-1))}
\end{cases}
\tag{4.22}
$$

其中，$A_i(0)$ 为校准得到的基期各区域的技术参数，$TFPGR_i$ 为各区域的全要素生产率 TFP 的增长率，$TFPGRGR_i$ 为各区域的 TFP 增长率的变化率。

碳排放强度的变化趋势如下。

$$
\begin{cases}
\sigma_i(0) = \dfrac{E_i(0)}{Y_i(0)} \\
\sigma_i(t) = \sigma_i(0) \cdot e^{GSIG_i(t)} \\
GSIG_i(t) = SSIG_i \cdot [1 - e^{-DSIG_i \cdot (t-1)}]
\end{cases}
\tag{4.23}
$$

其中，$\sigma_i(0)$ 为第 i 区域的基期碳强度，$\sigma_i(t)$ 为第 t 期各区域的碳强度，$GSIG_i(t)$ 为各期各区域的碳强度变化率，$SSIG_i$ 和 $DSIG_i$ 为相关参数。

第二节　情景设置

为了探讨全球各区域间不同合作方式下中国能源需求的变化，本书考虑五种情景（见表4-4）。

表 4-4　模拟情景设置

情景	描述
Base	基准情景，无减排政策
Nash	纳什非合作情景，各地区独立采取减排政策
Optimal	最优政策情景，各区域以等权重方式合作减排，无额外政策约束
Coop-util T<2	2℃温控政策约束情景，各区域以等权重合作
Coop-lind T<2	2℃温控政策约束情景，各区域以林达尔权重合作

情景 1 为基准情景（Base），该情景不考虑任何气候政策，各地区不进行减排，中国的能源需求是在无碳排放约束的情景下进行变化。

情景 2 为非合作情景（Nash），该情景表示各地区间独立地实施减排政策，确定各自最优的减排率。

情景 3 为等权重合作减排最优政策情景（Optimal），该情景表示各地区在全社会福利最大化的目标下以合作的方式实施减排政策。在合作减排机制设计中，一个重要的参数就是全社会福利函数中各地区的社会福利函数权重。不同的福利权重设置意味着各地区以不同的方式开展合作。等权重 $\varphi_i = 1(i = 1, 2, \cdots, 6)$ 是经济学建模中常用的权重系数，这个方案代表"一人一票"理念，一般认为是各地区减排责任的合理分配。

情景 4 为温控目标约束下等权重合作减排情景（Coop-util T<2），即限制未来大气平均温度升幅相对于工业化前期不超过 2℃。在温控目标约束下，各区域间不同的合作减排方式导致各地区的经济发展和碳减排责任分配存在差异。中国作为主要的能源消费国和碳排放国家，在不同的合作方式下其能源需求和碳排放影响的变化更为突出。因此，本书考虑了在温控目标约束下不同的合作减排方式对中国经济发展、能源消费和碳减排责任的影响。

情景 5 为温控目标约束下的林达尔权重合作减排情景（Coop-lind T<2），该情景下各地区以林达尔权重开展减排合作。林达尔权重是指在存在环境外部性的情况下，全球实现各国最优减排的福利权重。相比于非

合作情景，在 Lindahl 权重下各国开展减排合作将使所有地区的福利得到改善，而且全社会福利增幅最高。因此，如果每个地区合理地评估其减排成本和碳排放造成的气候损失，那么相比于其他减排合作方案，它们都更愿意接受这套社会福利权重下的减排责任分配方案（Yang and Sirianni，2010），所以 Lindahl 权重合作情景是让各区域最容易接受的合作减排方案。因此，本书进一步考虑了 Lindahl 权重下的减排合作策略。林达尔权重的求解方式参考 Yang（2008，2021）的著作。不同情景下主要区域社会福利权重的说明如表 4-5 所示。

表 4-5 不同情景下主要区域社会福利权重

区域	美国 （USA）	其他高收入 国家（OHI）	欧盟国家 （EUS）	中国 （CHN）	东欧国家 （EEC）	世界其他地区 （ROW）
等权重	1	1	1	1	1	1
林达尔权重	1.422	1.179	1.198	0.455	1.646	0.100

第三节 结果与讨论

一 RICE-China 模型中不同情景下碳排放、GDP 和能源需求变化

（一）对碳排放的影响

图 4-2 展示了不同情景下四个主要地区的碳排放变化。这里考虑了四种情景，未涉及非合作情景（Nash），因为该情景下每个区域的减排量都很小，与基准情景（Base）相比差异不大。结果表明由于中国的碳排放与能源消费挂钩，在基准情景下，碳排放先提高后下降。而对于其他地区，由于碳排放与产出相关联，因此碳排放随着产出的增加而呈现上升趋势。具体而言，在基准情景（Base）下，中国 2100 年的碳排放为 3.2 GtC（十亿吨碳），而美国和欧盟国家的碳排放分别为 1.8 GtC 和 0.75 GtC。此外，对于没有气候约束的最优政策情景（简称

"最优情景"）而言，减排政策的实施原则是权衡减排成本和避免气候损失获得的收益。如果二者相等，则为最优减排水平。尽管最优情景的基本假设是高度理想化的，但它提供了一个效率基准，可以作为其他气候政策的参考（Barrage and Nordhaus, 2023）。具体而言，相比于基准情景，在最优情景下，中国 2100 年的碳排放下降 11%，美国和欧盟国家分别下降 28% 和 24%，而世界其他地区（ROW）的碳排放仅下降 7%。

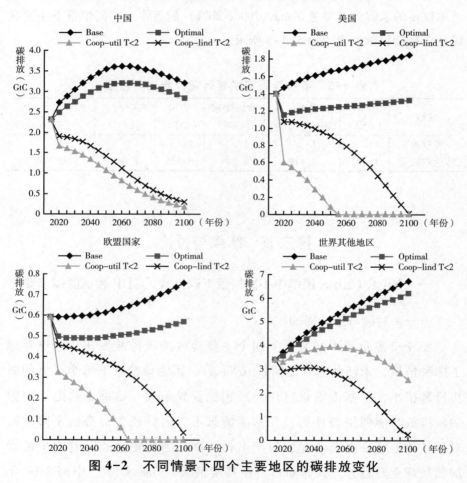

图 4-2　不同情景下四个主要地区的碳排放变化

注：图中各情景含义如下：无减排政策的基准情景（Base）、等权重合作减排最优政策情景（Optimal）、温控目标约束下等权重合作减排情景（Coop-util T<2）、温控目标约束下林达尔权重合作减排情景（Coop-lind T<2）。余图同。

在实现 2℃温控目标时，不同合作情景下各地区的减排责任存在显著差异。在温控目标约束下等权重合作减排情景（Coop-util T<2）下，中国 2100 年的减排率为 94.4%，高于温控目标约束下林达尔权重合作减排情景（Coop-lind T<2）下的减排率（90.5%）。这表明，在温控目标约束下等权重合作减排情景下我国需要承担更大的减排责任。相比之下，温控目标约束下林达尔权重合作减排情景表明，如果所有地区获得了关于其减排成本和气候损失的详细信息，那么从激励的角度看，温控目标约束下林达尔权重合作减排情景是最理想的合作安排（Yang and Sirianni，2010）。如果在温控目标约束下林达尔权重合作减排情景下开展气候合作，那么中国的减排责任将会下降。研究表明，在两种合作减排情景下实现 2℃温控目标，中国 2050 年的碳排放为 1.1 ~ 1.4 GtC（3.9 ~ 5.2 GtC）。这一结果与现有研究一致（Pan et al.，2020），他们的分析结果显示在 2℃温控目标下，2050 年中国的碳排放为 3.0 ~ 6.5 GtC。

对于美国和欧盟国家而言，在温控目标约束下等权重合作减排情景（Coop-util T<2）下，美国必须在 2055 年前实现近零碳排放，欧盟国家则需要在 2065 年前实现近零碳排放。值得注意的是，RICE-China 模型及 RICE 模型尚未纳入负排放技术。因此，这里的近零碳排放意味着经济系统的绝对零碳排放，相应的减排量要高于目前提出的碳中和目标。而在温控目标约束下林达尔权重合作减排情景（Coop-lind T<2）下，这些地区的减排责任有所降低。

尽管在温控目标约束下等权重合作减排情景下世界其他地区（ROW）的碳排放有所下降，但仍然保持相对较高的比例。具体来说，2100 年世界其他地区（ROW）的碳排放为 2.54 GtC，占全球碳排放总量的 93%。而在温控目标约束下林达尔权重合作减排情景下世界其他地区（ROW）的碳排放显著下降，2100 年碳排放降至 0.22 GtC，比温控目标约束下等权重合作减排情景降低 91%。这表明实现相同温控目标约束时，不同合作方式下各地区的减排责任存在差异。如果采用等权重来实施减排合作，中国和美国将承担更多的减排责任。相比之下，如果以林达尔权重开展合作，则世界其他地区将承担更多的减排责任。因此，作为一个人口大国，中国若采取基于"一人一票"理念的等权重合作方式将会承担更大的减排责任。因此，在未来开展全球减排合作时，中国应该更加主动地要求基于林达尔权重的责任分担并采取相应的减排措施。

（二）对 GDP 的影响

图 4-3 给出了不同情景下四个主要地区的 GDP 变化。在实现 2℃温控目标时，等权重合作减排情景下中国的 GDP 损失大于林达尔权重合作减排情景。具体来说，2100 年在等权重合作减排情景下中国的 GDP 损失率为 11%，而在林达尔权重合作减排情景下为 9.7%。这主要是因为在等权重合作减排情景下，中国要承担更多的减排责任，从而加大了 GDP 损失。如果基于林达尔权重开展减排合作，在实现相同减排目标时中国的 GDP 损失率将有所降低。同样，对于美国和欧盟国家，等权重合作减排情景下的 GDP 损失率远高于林达尔权重合作减排情景。在等权重合作减排情景下，美国 2055 年的 GDP 损失率为 8.4%，比林达尔权重合作减排情景高出约 7 个百分点。对于欧盟国家，在等权重合作减排情景下，2065 年的 GDP 损失为 5.8%，比林达尔权重合作减排情景高出约 5 个百分点。相反，对于世界其他地区而言，由于等权重合作减排情景下的减排责任较低，相应的 GDP 损失也较小，例如，2050 年和 2100 年世界其他地区的 GDP 损失率分别为 1.2% 和 6.5%；而在林达尔权重合作减排情景下，2050 年和 2100 年世界其他地区的 GDP 损失率分别提高至 4% 和 18.7%。

（三）中国能源需求的变化

图 4-4 展示了不同情景下中国未来能源需求的变化。首先，在基准情景（Base）下，中国的能源需求将有所提高。其中煤炭是主

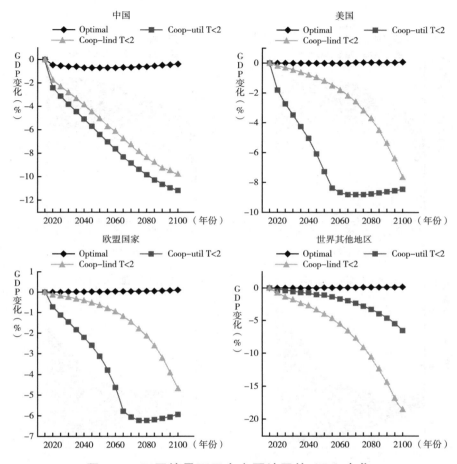

图 4-3　不同情景下四个主要地区的 GDP 变化

要能源，并且对非化石能源的需求也在稳步增长。其次，在最优情景（Optimal）下，中国的能源消费有所降低，2100 年能源消费比基准情景（Base）减少了约 8%，主要是因为石油和天然气的需求减少。相比之下，非化石能源需求则进一步提高。原因在于当实施减排政策时，尽管最优情景（Optimal）下的减排量相对较低，但减排政策将导致化石能源消费量降低，而提高非化石能源消费需求。

　　结果也表明在考虑 2℃ 温控目标约束时，不同合作情景下中国的

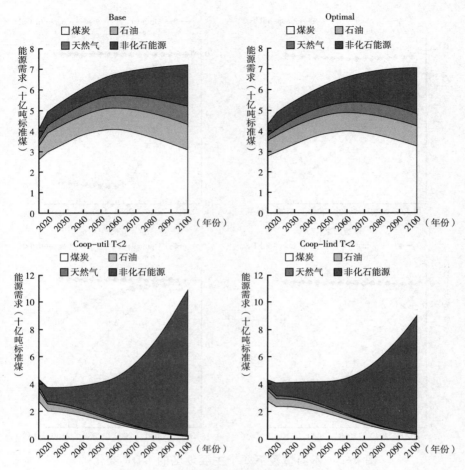

图 4-4 不同情景下中国未来能源需求的变化

能源需求差异很大。具体而言,在等权重合作减排情景(Coop-util T<2)下中国承担了更大的减排责任。实施减排迫使化石能源需求下降,而提高非化石能源需求。此外,从能源消费结构看,2℃温控目标下,2050 年煤炭消费占中国一次能源消费的比重约为 34%。这与 Zhou 等人(2021)的研究结果一致。通过借助以能源技术模型为基础构建的全球气候变化评估模型(GCAM),他们发现在 2℃温控目

标约束下，2050 年煤炭消费在中国一次能源消费中的比重约为 32%。此外，我国后期非化石能源的显著增长得益于成本的快速下降。相比之下，在林达尔权重合作减排情景下中国的减排责任有所降低，这在一定程度上减缓了化石能源需求下降幅度。然而，研究结果也显示，无论以何种方式开展减排合作，要实现 2℃温控目标中国都必须大幅减少对化石能源的需求，增加对非化石能源的需求。例如，在林达尔权重合作减排情景下，2100 年中国的化石能源需求比基准情景（Base）下降了 91.4%。与此同时，非化石能源需求快速增长，到 2100 年占总能源需求的 94.7%。这一结果表明，如果中国致力于实现 2℃温控目标，则需要进行强有力的能源转型，迅速降低化石能源消费，同时增加对可再生能源的需求。

此外，RICE-China 模型继承了 RICE 模型考虑气候损失的优势。因此，与 CGE 模型和能源技术模型等其他经济模型相比，RICE-China 模型可以进一步分析气候损失不确定性对能源需求的影响。图 4-5 显示了不同气候损失情景下中国未来煤炭和非化石能源需求的变化。

结果显示，随着气候损失逐步增大，非化石能源的需求将会提高，而化石能源（如煤炭）需求则逐渐下降。具体而言，在基准气候损失情景（Damage0）下，煤炭需求逐渐提高而后降低，2100 年达到 32.4 亿吨标准煤；非化石能源需求逐渐增加，2100 年达到 22.4 亿吨标准煤。随着气候损失增大，非化石能源需求进一步提高。在最优情景下（Optimal），随着气候损失增大，减排努力必须同步提高以减小气候变化造成的损害。当减排成本与减小气候损失的收益相等时，即为最优减排率。此时，理性的经济主体不会进一步提高或降低减排率。从这个意义上说，气候损失逐渐增大有助于提高降低排放的努力，促进非化石能源替代化石能源，从而逐渐降低煤炭需求，提高非化石能源需求。例如，在更大的气候损失（Damage3）情景下，

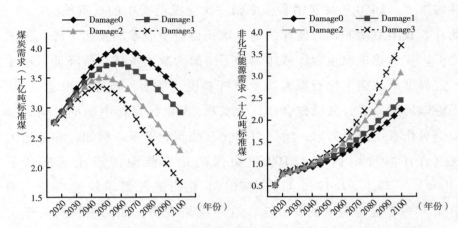

图 4-5　不同气候损失情景下中国未来煤炭和非化石能源需求的变化

注：图中各情景含义如下，Damage0 为基准的气候损失估计，Damage1、Damage2 和 Damage3 分别为模拟情景，表示气候损失逐渐增大。

2100 年非化石能源需求为 37.1 亿吨标准煤，比基准气候损失情景（Damage0）提高了 66%。相比之下，煤炭需求则降至 17.6 亿吨标准煤，下降了 46%。这一结果表明，气候损失不确定性估计将极大地影响能源需求变化。气候损失增大将促进非化石能源替代化石能源。当模型没有考虑气候损失时，非化石能源的发展速度将在一定程度上被低估。在实践中，许多气候变化综合评估模型（IAM）尚未纳入气候损失函数来平衡减排成本和气候损失（Vaidyanathan，2021）。然而，现实中气候政策的制定会受到气候损失及其评估方法的显著影响，需要在建模时加以考虑。此外，气候损失的区域影响存在差异，发展中国家往往更容易受到气候变化的影响。与碳排放的均匀分布相比，气候变化在非均匀分布条件下对北半球的经济影响更加强烈，尤其是对中国而言（Jiang et al.，2021）。因此，我们应该注意到气候损失的重要性及其异质性，因为这将会影响减缓和适应气候变化的政策制定。

二　RICE-China 模型和 RICE 模型的对比分析

（一）引入能源要素对中国碳排放的影响：无温控目标约束情景

图 4-6 展示了在不同情景下中国碳排放在 RICE-China 模型和 RICE 模型中的变化趋势，揭示了模型中考虑能源要素与否对分析结果的影响。由于本章研究重点是中国，因此 RICE-China 模型只在中国的生产函数建模中引入了能源要素，其他地区没有考虑能源要素的影响。为了说明模型结构变化对中国碳排放的影响，我们只考虑了三个基本情景，基准情景（Base）是参考情景，非合作情景（Nash）用于作为实施合作减排政策情景的参考，最优政策情景（Optimal）用于揭示在没有温控目标约束下实施合作减排政策的力度。

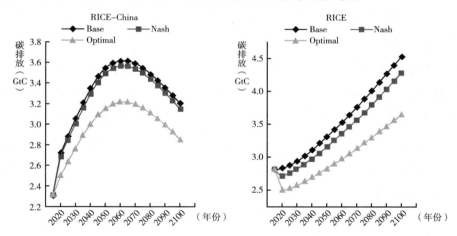

图 4-6　在不同情景下在中国碳排放 RICE-China 模型和 RICE 模型中的变化趋势

注：图中各情景含义如下：无减排政策的基准情景（Base）、非合作情景（Nash）、等权重合作减排最优政策情景（Optimal）。

结果表明，在 RICE-China 模型的生产函数建模中引入能源要素将会改变中国的碳排放趋势。此外，碳排放变化进一步改变大气中温室气体的浓度，从而导致温度上升以及产生相应的气候损失，最终影响最优减排决策制定。因此，引入能源要素有利于更合理地呈现中国碳排放的变化趋势。具体而言，在基准情景（Base）下，中国的碳排放先提高后下降，2100 年达到 3.2 GtC。这种变化表明，当考虑能源要素时，由于受到能源资源的限制（即使在没有减排政策的情况下），能源资源稀缺性也将会导致碳排放下降。而 RICE 模型没有考虑能源要素，碳排放直接与经济产出相关联。因此，在基准情景（Base）中，随着经济产出持续增加，RICE 模型下中国的碳排放量不断增加。例如，在基准情景（Base）下中国碳排放在 2100 年提高到 4.5 GtC。

在相同减排情景下，引入能源要素将会显著改变中国的减排率。在非合作情景（Nash）下，每个地区根据自身的减排成本和气候损失实施相应的减排政策。在 RICE-China 模型中，在非合作情景（Nash）下中国 2100 年的碳排放下降 2%，在最优政策情景（Optimal）下下降 11.2%。相比之下，RICE 模型没有考虑能源替代的难度，因此在非合作情景（Nash）下中国 2100 年的减排率为 5.7%，在最优政策情景（Optimal）下减排率提高到 19.6%。上述结果表明，细化模型的能源结构对碳排放有不同的影响。排放的差异将会导致气候系统中排放浓度和温度发生变化，从而影响减排决策，这表明在模型中考虑能源要素很有必要。

对于全球碳排放而言，RICE-China 模型和 RICE 模型都呈现逐步上升趋势。其中非合作情景（Nash）的碳排放量有所下降，但下降幅度相对较小。在最优政策情景（Optimal）下，减排量进一步提高。例如，RICE-China 模型和 RICE 模型中 2100 年全球碳排放分别下降 15.3% 和 17.1%。由于其他地区没有引入能源要素，这些地区间的碳排放差异在 RICE-China 模型和 RICE 模型中变化很小。因此，这两个模型中全球碳排放的变化主要是来自中国的碳排放变化趋势（见图 4-7）。

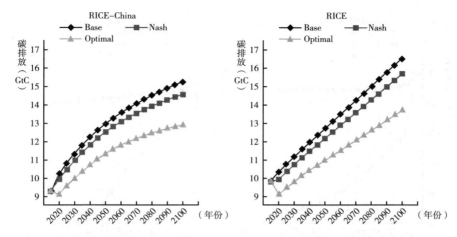

图 4-7　在不同情景下全球碳排放在 RICE-China 模型
和 RICE 模型中的变化趋势

注：图中各情景含义如下：无减排政策的基准情景（Base）、非合作情景
（Nash）、等权重合作减排最优政策情景（Optimal）。

（二）引入能源要素对中国碳排放和 GDP 的影响：有温控目标约束
情景

在 RICE-China 模型中，中国的碳排放主要来自化石能源消费，实施减排意味着逐步用非化石能源取代化石能源。而在 RICE 模型中，碳排放与产出挂钩，减少碳排放意味着压缩净产出。如图 4-8 所示，在不同的建模逻辑下，在实现既定温控目标时，中国的减排路径和相应的经济影响存在显著差异。具体而言，相比于 RICE 模型，RICE-China 模型下中国减排路径相对平缓。例如，在温控目标约束下等权重合作减排情景（Coop-util T<2）下，中国 2050 年和 2100 年的减排率分别为 70% 和 94%，相应的 GDP 损失率分别为 6.4% 和 11%。此外，在温控目标约束下林达尔权重合作减排情景（Coop-lind T<2）下，中国的减排率和 GDP 损失率均略低于温控目标约束下等权重合作减排情景（Coop-util T<2）。

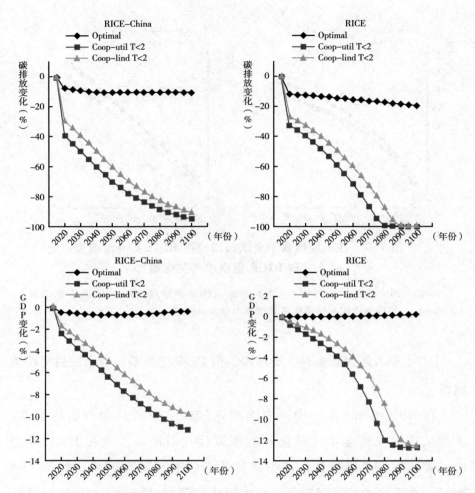

图 4-8 RICE-China 模型和 RICE 模型中中国碳减排和 GDP 变化的比较

注：图中各情景含义如下：等权重合作减排最优政策情景（Optimal）、温控目标约束下等权重合作减排情景（Coop-util T<2）、温控目标约束下林达尔权重合作减排情景（Coop-lind T<2）。

　　在 RICE 模型中，中国的早期减排努力略低于 RICE-China 模型。然而后期减排快速提高，相应的 GDP 损失率也显著提高。例如，在温控目标约束下等权重合作减排情景（Coop-util T<2）下，RICE 模型中中国必须在 2080 年实现 100% 的减排，相应的 GDP 损失率为

12.4%。值得注意的是，当前版本的 RICE 模型不包括负排放技术。100% 的减排意味着经济系统的绝对零排放，减排力度要大于当前提出的碳中和目标。此外，即使在温控目标约束下林达尔权重合作减排情景（Coop-lind T<2）下，中国也必须在 2090 年前实现 100% 的减排，相应的 GDP 损失率为 12%。

通过上述分析，可以发现经济系统的脱碳路径是渐进的，必须随着时间的推移不断推动能源转型。RICE 模型显示在中后期减排迅速提高，相应的经济损失是巨大的。然而，RICE-China 模型考虑了能源要素以刻画能源替代过程，可以提供更客观的碳减排路径，这也有助于为我国未来实现碳减排提供了合理的决策参考。

第四节　结论与启示

本章基于 RICE 模型，细化了中国的经济模块建模结构，将能源要素引入中国的生产函数，构建了 RICE-China 模型，并基于该模型分析温控目标约束下各地区不同的减排合作方式对中国碳排放、GDP 和能源需求的影响。研究得到以下主要结论。

（1）在不同的合作方式下中国的碳减排责任有所不同。实现 2℃ 温控目标时，中国在等权重合作减排情景下的减排责任高于林达尔权重合作减排情景。而世界其他地区则与中国相反。具体而言，在 RICE-China 模型中，等权重合作减排情景（Coop-util T<2）下中国 2100 年的碳排放比基准情景（Base）降低 94.4%。而在林达尔权重合作减排情景（Coop-lind T<2）下中国 2100 年的减排率下降到 90.5%。此外，尽管在等权重合作减排情景下，世界其他地区的碳排放也有所下降，但仍保持着相对较高的比例。例如，2100 年世界其他地区的碳排放占全球碳排放总量的 93%。此外，在林达尔权重合作减排情景（Coop-lind T<2）下，中国的减排率有所降低，2100 年

相应的 GDP 损失率也比等权重合作减排情景（Coop-util T<2）低 1.3
个百分点。2100 年世界其他地区的减排量有所提高，其碳排放量相
比于等权重减排合作情景下降 91%。这意味着，在基本的"一人一
票"合作减排情景（等权重合作减排情景）下，中国承担了更大的
减排责任。如果仔细评估每个地区的减排成本和气候损失，并在此
基础上开展减排合作（林达尔权重），那么中国在实现相同减排目
标时的成本将更低。一方面，这为中国参与减排合作提供了新的解
决方案。另一方面，也表明深入分析减排成本和气候损失的重要性，
有助于为中国制定实施减排政策提供必要的支撑。

（2）等权重合作减排情景下中国化石能源的下降幅度大于林达
尔权重合作减排情景。然而，无论在何种减排合作模式下，实现 2℃
温控目标都需要大幅减少化石能源消费。具体而言，在等权重合作减
排情景（Coop-util T<2）下中国承担了更多的减排责任。实施减排使
得化石能源消费下降，促进非化石能源消费快速增长。相比之下，在
林达尔权重合作减排情景（Coop-lind T<2）下，中国的减排责任有
所降低，这在一定程度上减缓了化石能源需求的下降速度。例如，在
林达尔权重合作减排情景（Coop-lind T<2）下中国 2100 年的化石能
源需求比基准情景（Base）下降了 91.4%，而非化石能源需求则迅
速提高，到 2100 年占总能源需求的 94.7%。实现深度减排的关键在
于能源转型。本研究表明，首先在不同合作方式下中国的能源脱碳速
率存在显著差异。在基于人口的合作减排方式下中国需要做出更大的
努力来实现更高的脱碳率。其次，无论在何种合作情景下，实现深度
减排都需要非化石能源大规模替代化石能源。中国政府提出，到
2060 年，非化石能源在一次能源消费中的比重将达到 80% 以上，然
而 2021 年中国非化石能源占比仅为 16.6%。这要求中国加快发展可
再生能源，不断提高非化石能源供应和消费能力。

此外，针对气候损失的不确定性分析表明，随着气候损失的增

大，非化石能源需求进一步提高，而化石能源消费则逐渐下降。事实上，准确评估气候损失是制定相关政策的关键依据，尤其是在成本效益分析的最优框架下。这一点也得到了本书中针对气候损失不确定性分析的证实。在 IAM 中，气候损失评估仍然是一个薄弱环节，现有研究在国家和部门层面对此进行了有益扩展（Wang et al.，2020；Zhang et al.，2021；Zhao et al.，2020）。未来仍有必要对中国区域和部门层面的气候损失评估进行深入分析。

（3）在 RICE 模型的生产函数中考虑能源要素有助于更合理地把握一个国家未来的碳排放变化趋势。如果忽略能源要素约束，中国未来的碳排放将随着产量的增加而提高。而在考虑能源要素后，即使没有额外的气候限制，随着化石能源的逐步枯竭，中国的碳排放也将逐渐下降。例如，在 RICE-China 模型中，中国在基准情景（Base）下的碳排放先提高后下降，2100 年达到 3.2 GtC。在最优政策情景（Optimal）下，2100 年中国的碳排放则下降 11.2%。此外，通过模型比较分析发现，在考虑能源要素的 RICE-China 模型中中国的碳减排路径相较于 RICE 模型更为平缓。中国在 RICE-China 模型中的后期减排努力低于 RICE 模型，相应的 GDP 损失也有所减小。具体而言，在 RICE-China 模型中，2085 年后中国的 GDP 损失率比 RICE 模型低 1.5～2.8 个百分点。这说明即使在高度集成的 IAM 中，也有必要适当细化能源要素的建模结构。这不仅有助于我们分析不同合作情景下能源需求的变化，还可以降低在实现相同减排目标时的经济损失，这也是决策者在制定气候政策时着重考虑的因素。

第五节　本章小结

能源消费是碳排放和气候变化问题的关键载体，本章基于国际知名的 RICE 模型，细化了中国的经济建模结构，纳入能源要素，构建了 RICE-China 模型。通过在生产函数中考虑能源要素，更客观地呈现中国未来的碳排放趋势，并基于 RICE-China 模型分析了不同合作情景下实现温控目标对中国经济和能源消费的影响。结果显示，在 2℃温控目标约束情景下，相比于等权重合作减排情景，林达尔权重合作减排情景下中国承担的碳减排责任较小，相应的 GDP 损失率也较低。然而，碳减排责任的降低使得化石能源需求的降幅收窄，同时对非化石能源的需求提升较慢。在包含气候损失的 RICE 模型框架下，分析了气候损失不确定性对非化石能源需求的影响。值得注意的是，本书显示在保持社会福利最大化的目标下，要想实现 2℃温控目标，中国以及其他地区需要从 2015 年起进行快速减排。然而考虑到中国目前的碳排放尚未达峰，这意味着要想实现既定目标，需要在本书分析结果的基础上进一步加大未来的减排力度。

本章的分析仍需要进一步的改进，首先目前本书仅聚焦对中国能源需求的影响，细化了中国的能源建模结构，其他区域尚未考虑能源要素的影响。未来将继续细化其他所有地区的经济模块建模结构，加入能源要素并可以考虑多种非化石能源。基于更全面地考虑能源要素的气候变化综合评估模型，可以分析在不同合作减排方式下实施减排政策对全球及各地区的能源需求和能源结构影响，从而给出不同地区的能源转型路径及进行相应的成本效益分析。其次，能源消费存在跨地区流动性，不同地区间的能源进口和出口是相互的。例如，中国的天然气进口主要来自俄罗斯，相应地，中国应该支付进口成本，出口利益将流向俄罗斯。目前我们仅考虑了中国的能源消费支出，尚未考虑俄罗斯的能源收入。再次，在中国的能源建模结构中，目前仅考虑了化石能源（煤炭、石油、天然气）和非化石能源。非化石能源种类尚未细分，例如进一步考虑风能和太阳能。考虑到中国提出到 2060 年的非化石能源消费目标，因此未来有必要细化非化石能源种类。最后，本书以柯布-道格拉斯生产函数的形式引入能源要素，将能源视为第三种投入，独立于资本和劳动之外作用于产出。然而，从认识论的角度看，能源、资本和劳动是互补的，并非完全独立。因此，未来可以将能源作为资本和劳动的投入形式引入生产函数，并将其与柯布-道格拉斯函数形式的结果进行比较，从而探讨不同能源要素引入形式变化对减排决策的影响。

第五章　中国省（区、市）间排放责任与合作减排机制分析：基于生产侧和消费侧排放原则[*]

前述章节从全球多区域层面出发，分别探讨了在全球各区域减排责任分担既定的情况下，如何通过不同的辅助措施促使非合作区域实施减排政策；对于已参与减排的各区域而言，如何通过开展碳市场合作提高减排的成本有效性从而更好地降低实现气候减排目标的总体成本；以及在温控目标约束下全球各区域间实施不同的减排合作方式对中国经济和能源需求的影响。除了全球区域层面的综合分析外，考虑到中国作为一个幅员辽阔的发展中国家，各省（区、市）在经济发展水平、产业结构、资源禀赋等方面存在明显差异，为了在有效实现减排目标的同时兼顾区域的均衡发展，有必要审慎地对各省（区、市）的排放责任进行分配，且同样需要探讨如何设计灵活的省（区、市）间减排合作机制以提高减排的成本有效性，降低总体减排成本。因此，接下来两章将主要探讨中国各区域间的减排合作问题。本章首先基于多区域投入产出模型，分析不同碳排放责任核算原则下，中国实施碳税政策的省级经济影响和短期部门竞争力影响，并结合国家区

---

[*] 本章内容主要源自英文期刊《政策建模杂志》2019 年第 41 卷发表的张坤、梁巧梅等撰写的《碳税对中国省级经济影响》，并根据最新研究动态有所调整。

域发展战略，探讨主要的省（区、市）间灵活的合作机制选择。

在多种降低碳排放的政策中，碳税作为一种基于市场的碳定价措施被多数经济学家和国际组织推崇（Mankiw，2009；Nordhaus，2007）。然而，作为一种税收措施，碳税政策的实施将会对经济主体施加额外负担，从而对总体经济发展造成不利影响（张坤，2016）。在现实中碳税也仅在为数不多的国家和地区推行（例如北欧国家和加拿大不列颠哥伦比亚省）。现有研究对于碳税政策进行了详细探讨，主要包括碳税的社会经济影响（Chen and Nie，2016；Freire-González，2018；Guo et al.，2014；Wissema and Dellink，2007）、部门竞争力影响（Liang et al.，2007a；Liang et al.，2016；Wang et al.，2011）以及居民收入分配影响（Feng et al.，2010；Jiang and Shao，2014；Liang and Wei，2012；Wang et al.，2016）。

现有研究大多是针对国家总体经济层面的分析，进一步聚焦碳税对区域层面的影响则能得到更为具体的启示。区域差异是确定各区域碳排放责任争论的根源，同时区域排放责任的确定对于评估各种减排政策（比如碳税）的有效性和公平性又是至关重要的。中国各省（区、市）间的资源禀赋和经济发展存在差异，这导致各省（区、市）能源消费和碳排放明显不同（Liang et al.，2007b；Liu et al.，2010）。因此，考虑到中国发达的东部地区与欠发达的中西部地区之间明显的区域差异，探讨碳税对于中国的省（区、市）级层面的影响则能为区域减排提供更具体的政策建议。此外，中国目前强调区域协调发展，并制定相应的区域发展战略（如西部大开发以及东北地区振兴），这进一步加剧了区域间减排责任分配的复杂性。另外，还有部分研究聚焦碳税实施对中国的部门竞争力影响（Wang et al.，2011；潘文卿，2015）。然而这些研究大多关注国家或者大区域层面分析。本书将致力于更细致的中国省级层面分析，同时考虑不同税收利用方式下碳税的影响。此外，由于长期分析所涉及的不确定性较强，在讨论是否实施碳税政策时，政府也倾向于关注碳税的短期影响。例如，中央政府和地方政府更关注减排政策是否会对短期的社会经济发展目标造成影响（如每个五年规划目标）。因此，本书借助投入产出模型聚焦碳税的短期影响。

综上所述，本章基于我国多区域投入产出（Multi-regional Input-output，MRIO）模型，考虑在不同碳排放核算原则以及不同的税收返还方式下，碳税对于中国各省（区、市）的经济影响。具体而言，为了保持税收中性原则，本书设置三种税收返还方式，即碳税收入用于降低生产税、一次性返还给居民以及一次性返还给低收入居民。与此同时，本书考虑两种不同的碳排放核算原则，一种是被《联合国气候变化框架公约》和《京都议定书》采用的基于生产侧的碳排放核算原则（Peters，2008；Steininger et al.，2014），另一种是被广泛用来探讨隐含碳分析的基于消费侧的碳排放核算原则（Chen，2018；Liu，2015；Minx et al.，2009；Wiedmann，2009）。最后根据分析结果以及中国的区域发展战略，给出了各区域间通过实施联合履约进行合作减排的主要途径和方式。

第一节　研究方法与数据

一　多区域投入产出模型

随着全球能源消费和环境污染问题变得越来越突出，多区域投入产出（MRIO）模型被广泛地应用于能源和环境领域，主要包括进行碳排放影响因素分析（Cheng et al.，2018；Mi et al.，2017a；Peters et al.，2011），土地利用变化分析（Hubacek and Sun，2001；Salvo et al.，2015；Yu et al.，2013），以及水足迹分析（Deng et al.，2016；Feng et al.，2012；Guan and Hubacek，2007）。MRIO 模型能够将特定

区域的直接需求系数矩阵与其他各区域的输入矩阵结合为统一的系数矩阵，从而识别各区域间差异化的生产技术，捕获区域间的贸易特征以及反馈作用（Wiedmann et al.，2007）。本书旨在从生产侧原则和消费侧原则下对中国分省（区、市）碳排放进行核算，需要重点考察各地区之间的贸易结构和生产技术的差异性，因此采用 MRIO 模型。

（一）基本的 IO 和 MRIO 模型

基本的 IO 模型如方程 5.1 所示。

$$X = (I - A)^{-1} \cdot Y \tag{5.1}$$

其中（假设存在 n 个部门），X 代表 n 维的总产出向量，其子元素 x_i 是 i 部门的产出；Y 代表 n 维的最终需求向量，其子元素 y_i 是 i 产品的最终需求；I 是单位矩阵；A 是直接需求矩阵；$(I-A)^{-1}$ 表示 $n \times n$ 维的里昂惕夫逆矩阵（也是总需求矩阵），其元素代表生产 1 单位的最终产品 j 而产生的直接的和间接的对商品 i 的需求。

假设存在 m 个区域，从而得到以下方程。

$$
\begin{pmatrix} x^1 \\ x^2 \\ \vdots \\ x^m \end{pmatrix} =
\begin{pmatrix} A^{11} & A^{12} & \cdots & A^{1m} \\ A^{21} & A^{22} & \cdots & A^{2m} \\ \vdots & \vdots & \ddots & \vdots \\ A^{m1} & A^{m2} & \cdots & A^{mm} \end{pmatrix} \cdot
\begin{pmatrix} x^1 \\ x^2 \\ \vdots \\ x^m \end{pmatrix} +
\sum_{u=1}^{m} \begin{pmatrix} y^{1u} \\ y^{2u} \\ \vdots \\ y^{mu} \end{pmatrix} \tag{5.2}
$$

因此，MRIO 模型可以简写为如下方程。

$$X^* = (I - A^*)^{-1} \cdot Y^* \tag{5.3}$$

其中，其 X^* 的子元素 $x^r(r = 1, 2, \cdots, m)$ 表示区域 r 的总产出向量；$A^{rs}(r, s = 1, 2, \cdots, m)$ 是用来描述不同地区之间的中间产品贸易活动的直接需求矩阵，其元素 a_{ij}^{rs} 表示区域 s 部门 j 单位产出对区域 r 部门 i 的直接需求量；$y^{rs}(r, s = 1, 2, \cdots, m)$ 是最终产品需求向量，其元素 y_i^{rs} 表示区域 s 对地区域 r 部门 i 的最终需求。

（二）区域碳排放的核算

为了计算生产侧和消费侧的碳排放，引入中间矩阵，具体计算公式见方程5.4。更多信息参见现有文献（Liu, L.-C. et al., 2015）。

$$Z^* = E^* \cdot (I - A^*)^{-1} \cdot Y^* \tag{5.4}$$

其中，$E^* = \begin{pmatrix} e^1 & 0 & \cdots & 0 \\ 0 & e^2 & \cdots & 0 \\ \vdots & \vdots & \ddots & \vdots \\ 0 & 0 & \cdots & e^m \end{pmatrix}$，$e^r(r = 1, 2, \cdots, m)$ 是 n 维行向量，

其元素 e_i^r 表示碳强度，即区域 r 部门 i 的单位产出的碳排放；

$Z^* = \begin{pmatrix} z^{11} & z^{12} & \cdots & z^{1m} \\ z^{21} & z^{22} & \cdots & z^{2m} \\ \vdots & \vdots & \ddots & \vdots \\ z^{m1} & z^{m2} & \cdots & z^{mm} \end{pmatrix}$，$z^{rs}(r, s = 1, 2, \cdots, m)$ 是 $n \times n$ 维矩阵，

其元素 z_i^{rs} 表示为满足区域 s 的最终使用需求所引致的区域 r 部门 i 的直接和间接碳排放。直接碳排放根据该部门的化石能源消费和相应的碳排放因子和氧化率计算而来。

因此，基于 MRIO 模型，区域 r 的生产侧原则下碳排放计算如下。

$$C_r^{PBA} = \sum_{s=1}^{m} \sum_{i=1}^{n} z_i^{rs} \tag{5.5}$$

区域 s 的消费侧原则下碳排放计算如下。

$$C_s^{CBA} = \sum_{r=1}^{m} \sum_{i=1}^{n} z_i^{rs} \tag{5.6}$$

二 数据来源

本书使用的是 2012 年中国 MRIO 表，来源于中国排放核算数据库

（China Emission Accounts and Datasets，CEADs）（Mi et al.，2017b）。中国的 MRIO 表一般每五年（逢 2 和逢 7 的年份）发布一次，属于原始表，具体数据由统计而来，在中间年份发布延长表，即在原始表基础上进行稍微调整，没有进行全面统计。2012 年召开的中国共产党第十八次全国代表大会宣布我国经济发展进入新常态。经济发展模式正在从快速增长向可持续增长转变，经济结构更加包容和可持续（Green and Stern，2017）。现有研究也表明，2012 年以来我国碳排放已趋于平稳（Zheng et al.，2019），因此 2012 年是我国经济和碳排放转型的重要转折点。此外，已有研究也指出回顾过去，能源消费和碳排放预测失败的主要原因在于未能预见此类重大经济结构的变化（Grubb et al.，2015）。因此，笔者认为从省（区、市）间贸易关联角度重新审视 2012 年中国省级碳排放和结构特征，可以为通过区域贸易调整与合作来促进碳减排提供有价值的参考。2012 年 MRIO 表包含中国 30 个省（区、市），包括 22 个省、4 个直辖市（北京、上海、天津和重庆）和 4 个自治区（由于数据缺失因而不包括西藏、香港、澳门和台湾）。2012 年中国 30 个省（区、市）的能源消费清单也来源于 CEADs 数据库（Shan et al.，2018；Shan et al.，2016）。此外，由于 MRIO 表有 30 个行业，而省级能源清单有 45 个行业，因此，根据各行业的总产出将省级能源清单中的行业进行加总或拆分为 MRIO 表中的 30 个部门（见表 5-1）。最后，本书考虑了 17 种化石能源，不同类型的化石能源的排放因子和氧化率来自现有文献（Liu，Z. et al.，2015）。

表 5-1　MRIO 表中的 30 个部门

代码	部门名称（英文）	部门名称（中文）
s1	Agriculture	农林牧渔产品和服务
s2	Coal mining	煤炭采选
s3	Petroleum and gas	石油和天然气开采

代码	部门名称(英文)	部门名称(中文)
s4	Metal mining	金属矿采选
s5	Nonmetal mining	非金属矿和其他矿采选
s6	Food processing and tobaccos	食品和烟草
s7	Textile	纺织品
s8	Clothing, leather, fur, etc.	纺织服装鞋帽皮革羽绒及其制品
s9	Wood processing and furnishing	木材加工品和家具
s10	Paper making, printing, stationery, etc.	造纸印刷和文教体育用品
s11	Petroleum refining, coking, etc.	石油、炼焦产品和核燃料加工品
s12	Chemical industry	化学产品
s13	Nonmetal products	非金属矿物制品
s14	Metallurgy	金属冶炼和压延加工品
s15	Metal products	金属制品
s16	General and specialist machinery	通用和专用设备
s17	Transport equipment	交通运输设备
s18	Electrical equipment	电气机械和器材
s19	Electronic equipment	通信设备、计算机和其他电子设备
s20	Instrument and meter	仪器仪表
s21	Other manufacturing	其他制造产品
s22	Electricity and hot water production and supply	电力、热力的生产和供应
s23	Gas and water production and supply	燃气和水的生产和供应
s24	Construction	建筑
s25	Transport and storage	交通运输、仓储和邮政
s26	Wholesale and retailing	批发和零售
s27	Hotel and restaurant	住宿和餐饮
s28	Leasing and commercial services	租赁和商务服务
s29	Scientific research	科学研究和技术服务
s30	Other services	其他服务

注：此表中的 s1~s30 表示部门代码。而书中涉及情景部分的 S1 等指情景（Scenario）。

第二节　结果与讨论

一　不同责任分担原则下中国分省（区、市）的碳排放分析

（一）生产侧原则和消费侧原则下分省（区、市）碳排放责任分担

实施碳税政策时，各地区不同的碳排放核算结果对其地区的税负会产生较大的影响，从而产生不同的经济影响。研究结果显示，在生产侧排放原则下，山东是全国碳排放量最高的地区，达到 759 Mt CO_2（Mt 指百万吨），其次是河北（646 Mt CO_2）、江苏（591 Mt CO_2）和内蒙古（556 Mt CO_2）。在消费侧排放原则下，山东（831 Mt CO_2）的碳排放量仍然最高，它比在生产侧原则下高 9%，其次是广东（611 Mt CO_2）、江苏（688 Mt CO_2）和河北（486 Mt CO_2）。

除了对比相同碳排放核算原则下的区域之间的碳排放差异，同一地区在不同核算原则下也存在差异，2012 年中国各省（区、市）基于生产侧原则和消费侧原则的碳排放差异如图 5-1 所示。如果一个区域基于消费侧原则的碳排放高于其基于生产侧原则的碳排放，则该地区被称为碳净输入地区，否则，则为碳净输出地区。结果显示，碳净输入地区主要是较发达的地区，其中，广东是最大的碳净输入地区。2012 年广东的碳净输入量为 163 Mt CO_2，其消费侧原则下的碳排放量比生产侧原则下的碳排放量高了 36%。其次，浙江和江苏的碳净输入量分别为 127 Mt 和 97 Mt CO_2，其消费侧原则下的碳排放量比生产侧原则下的碳排放量分别高了 39% 和 16%。

此外，碳净输出地区大多是欠发达省份，尤其是那些经济依赖重工业的省份。其中，内蒙古是最大的碳净输出地区，其生产侧原则下的碳排放量比消费侧原则下的碳排放量高了约 223 Mt CO_2（67%）。其次是河北和山西，其碳净输出量分别为 160 Mt CO_2 和 135 Mt CO_2，

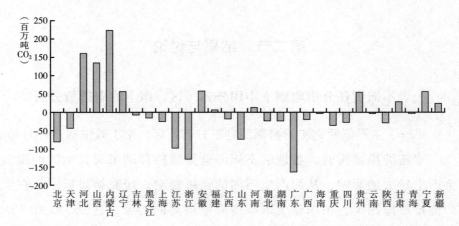

图 5-1 2012 年中国各省（区、市）基于生产侧原则和消费侧原则的碳排放差异

注：图中碳排放差异为生产侧原则下碳排放量减去消费侧原则下碳排放量。

生产侧原则下的碳排放量分别比消费侧原则下的碳排放量高了 33%
和 47%。

（二）碳排放的跨区域流动

图 5-2 体现了 2012 年中国各省（区、市）间的碳排放流动。内
蒙古（336.4 Mt CO$_2$）是 2012 年碳排放最大的外流地区，超过 60%
的内蒙古生产侧碳排放是由其他地区（尤其是较发达地区）的商品
和服务需求引起的。其碳排放外流地区主要包括江苏（32 Mt CO$_2$）、
山东（29 Mt CO$_2$）、河北（26 Mt CO$_2$）和北京（23 Mt CO$_2$），这四个地区
的碳排放外流量占内蒙古碳排放外流总量的约 1/3。河北（336.3 Mt CO$_2$）
是第二大碳排放外流地区，占其生产侧排放的 52%。其碳排放主要
流向江苏（42 Mt CO$_2$）、河南（27 Mt CO$_2$）、浙江（25 Mt CO$_2$）和山
东（25 Mt CO$_2$）。在碳排放流入方面，江苏是最大的碳排放流入地
区，2012 年的碳排放流入量为 330 Mt CO$_2$，占其消费侧原则下总排放
量的 48%。其碳排放流入主要来自河北和内蒙古，分别贡献了 13%
（42 Mt CO$_2$）和 10%（32 Mt CO$_2$）的碳排放。

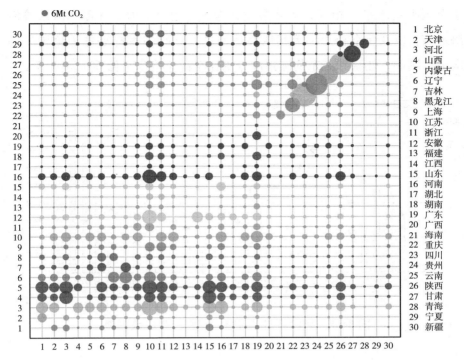

图 5-2　2012 年中国各省（区、市）间的碳排放流动

注：横轴表示每个省（区、市）流向其他省（区、市）的碳排放，即生产侧排放。纵轴表示其他省（区、市）流入本省（区、市）的碳排放，即消费侧排放。为简单起见，图中未包含为满足本省（区、市）的消费需求而产生的碳排放。

二　中国分省（区、市）各部门的碳强度

碳强度是指单位产出的二氧化碳排放量。刻画各地区每个部门的碳强度有助于了解碳税税负的分布，分析潜在的辅助措施。图 5-3 给出了 2012 年各省（区、市）的碳排放强度。大约 2/3 的西部欠发达地区（人均 GDP 低于全国平均水平）的碳强度高于全国平均水平（1.58 tCO_2/万元）。其中，宁夏和青海的碳强度分别比全国平均水平高出 76% 和 75%。此外，主要依靠重工业的省份，如山西、内蒙古和河北，以及东北老工业基地，如辽宁、吉林和黑龙江，其碳强度也高

于全国平均水平。相反，大多数发达地区，包括上海、江苏和浙江等沿海地区，以及北京和天津等其他发达地区，其碳强度都远低于全国平均水平。例如，北京和广东的碳强度分别比全国平均水平低 66% 和 45%。

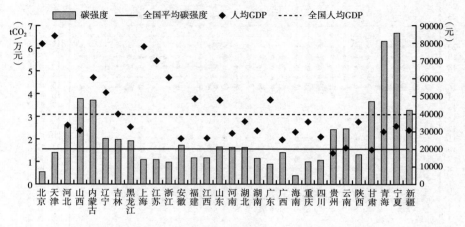

图 5-3　2012 年中国各省（区、市）碳强度

图 5-4 表示中国各省（区、市）的部门碳强度与该部门全国平均碳强度的比值。比值大于 1 的部门被认为是落后产业。首先，从区域角度来看，落后产业较多的省份是吉林、黑龙江、青海、新疆和贵州。例如，吉林省 2/3 以上部门的碳强度高于全国平均水平。其次，从部门的角度来看，碳强度表现出明显地区差异的部门包括化学产品（部门 12）、纺织品（部门 7）和金属制品（部门 15）。值得注意的是，拥有大量落后产业的省（区、市）并不意味着具有较高的区域碳强度。例如，新疆的落后产业数量远多于宁夏，但宁夏的碳强度却是新疆的 2 倍。这是因为宁夏的经济主要依赖于燃气和水的生产和供应（部门 23）、造纸印刷和文教体育用品（部门 10）和化学产品（部门 12）等部门，而这些部门的碳强度远高于全国平均水平。

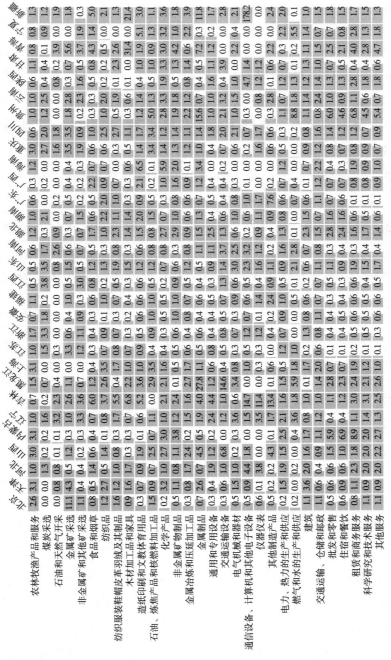

图 5-4　中国各省（区、市）的部门碳强度矩阵

注：数字表示各部门碳强度与该行业全国平均碳强度的比值。完全填充的单元格表示该部门的碳强度等于全国平均水平（=1）或高于全国平均水平（>1），部分填充的单元格的碳强度表示该部门的碳强度低于全国平均水平（<1）。

三 不同责任分担原则下碳税的经济影响

（一）碳税情景设置

本书考虑了三种碳税返还情景（见表 5-2）。在所有情景中，税率假设为 15 元/吨二氧化碳。该税率是根据财政部财政科学研究所的建议，并考虑中国碳交易试点的平均碳价格水平。具体来说，情景 S1 表示碳税收入用于降低生产税，且各省（区、市）实施统一的生产税补贴率。特别指出，生产税为负值的部门将不会得到税收补贴。情景 S2 表示碳税收入将被一次性返还给居民，并根据各省（区、市）人口数分配。情景 S3 表示碳税收入将一次性返还给低收入居民。考虑到中国低收入居民主要分布在农村地区，同时，考虑到政策可操作性，以及迫切提高农村居民生活水平的需要，本书假设低收入群体为农村居民，所以碳税收入根据各省的农村居民人口数进行分配。

表 5-2 碳税返还情景

情景	税收返还方式	实施措施	核算原则
S1	降低生产税	各省（区、市）实施统一的生产税补贴率	生产侧
			消费侧
S2	一次性返还给居民	根据各省（区、市）人口数分配	生产侧
			消费侧
S3	一次性返还给低收入居民	根据各省农村居民人口数分配	生产侧
			消费侧

（二）不同排放责任分担原则下各省的净税负影响

本书采用两个指标来评价各区域间的碳税负担的公平性，分别为人均净税负和人均收入净税负。人均净税负是基于受益原则，定义为碳税净税负除以区域人口。人均收入净税负是基于支付能力原则，定义为各地区的碳税净税负除以人均收入。对于这两个指标，正值代表需要额外承担的碳税负担，负值表示是碳税受益地区。净税负指碳税税负减去税收返还。

图 5-5 表示不同情景下的人均净税负。在情景 S1 中，不管是在

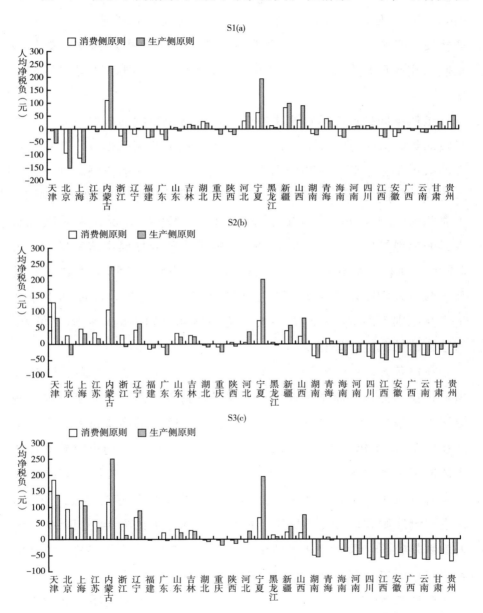

图 5-5　S1（a）、S2（b）、S3（c）情景下中国各省（区、市）的人均净税负影响

生产侧原则还是消费侧原则下，碳税的受益者通常是较发达省（区、市），如北京、上海、天津和浙江。相反，主要依赖重工业的省（区、市），如内蒙古、山西、河北，以及欠发达的省（区、市），如宁夏、新疆、贵州，则需要承担额外的碳税负担。因此，如果碳税收入用于降低各地区的生产税，则该情景会加剧地区间的经济不平等。

虽然不同排放核算原则下，各地区受碳税影响的方向一致，但净税负的影响大小存在差异。以北京为例，在生产侧原则下，北京是最大的碳税受益地区，人均收入增加了152元，而在消费侧原则下，其人均收入下降为93元。同样，相比于生产侧原则，在消费侧原则下，上海和浙江的人均收入分别下降了12%和57%。相反，在受碳税政策影响的地区中，在生产侧原则下，内蒙古的人均成本增幅最大，为242元，而在消费侧原则下，其人均净税负下降了55%。其次，宁夏和山西的人均净税负分别下降了67%和54%。此外，江苏和山东从生产侧原则下的碳税净受益者转变为消费侧原则下的碳税净支付者，而辽宁的情况则正好相反。

在情景S2中，较发达的省（区、市），如天津、上海、江苏和山东，在两种核算原则下都变为碳税净支付者。浙江和北京在消费侧原则下从情景S1中的净受益者转变为情景S2中的净支付者。广东虽然在情景S2中仍然是受益者，但与情景S1相比，人均税收效益在生产侧原则和消费侧原则下分别下降了26%和57%。四川、河南等人口大省以及贵州、甘肃等欠发达省份，则成为碳税净受益者。例如，在生产侧原则和消费侧原则下，四川分别获得了约为44元和39元的人均额外收益。因此，如果碳税收入是按各省人口数分配的，那么征收碳税可能更有利于缩小地区发展差距。

在情景S3中，与情景S2相比，碳税在缩小区域差距方面的效果更明显。在两种排放核算原则下，上海、天津和江苏等较发达省份的人均净税负均有所增加。

与情景 S2 相比，情景 S3 中的浙江和北京在生产侧原则下从净受益者转变为净支付者；而在消费侧原则下，这两个省份的人均税负均有显著增长。此外，广东在生产侧原则下人均净收益减少了 92%；而在消费侧原则下，广东则变为碳税净支付地区。欠发达省份，如河南、四川、云南、贵州和甘肃等，其人均净收益却进一步提高。例如，与情景 S2 相比，情景 S3 下河南的税收净收益在生产侧和消费侧排放原则下分别增加了 89% 和 83%。此外，对于欠发达的西部省份来说，尽管它们仍然需要承担额外的碳税负担，但相应的净税负已大幅减少。例如，与情景 S2 相比，情景 S3 下新疆的人均净损失在生产侧原则和消费侧原则下分别减少了大约 32% 和 45%。

图 5-6 展示了不同情景下各地区人均收入净税负的影响。结果显示，无论在何种税收返还情景以及何种碳排放核算原则下，使用该指标确定的获益地区和受损地区与使用人均收入净税负指标确定的结果是一致的。此外，对于这两个指标而言，同一情景下，不同排放核算原则对应的差异也是相似的。然而，人均收入净税负指标所提供的额外信息在于可以揭示是否较发达的区域对于减排负有更大的责任。

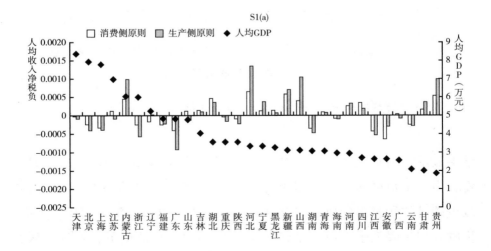

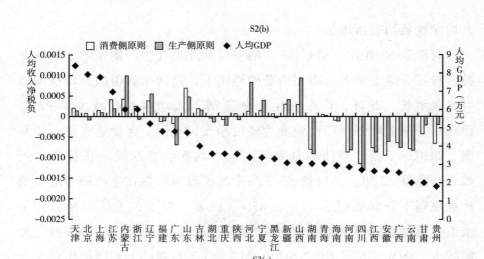

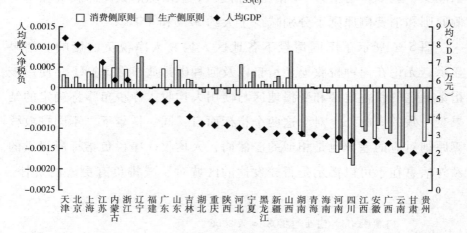

图 5-6　S1（a）、S2（b）、S3（c）情景下中国各省（区、市）的人均收入净税负影响

注：人均收入净税负 = $\dfrac{净税负（元）}{人均收入（元）}$，故此处无单位。

结果显示，当碳税收入是一次性转移到低收入家庭（情景 S3）时，而且当一个地区的碳排放是基于消费侧原则时，各省（区、市）为减少碳排放所付出的成本与自身经济发达程度更为匹配。相反，当碳税收入用于降低生产税（情景 S1）时，在生产侧原则下，各省（区、市）面临的减排成本与其经济发展水平基本上是不适应的。

基于上述结果可以看出，当征收碳税时，哪些地区将受益以及哪些地区将受到损害，主要取决于碳税收入的利用方式，而收益或损害程度则主要取决于采用何种碳排放核算原则。然而，无论采用何种碳排放核算原则或税收返还方式，对于主要依靠重工业的省份（如河北和内蒙古）以及欠发达的省份（如宁夏和青海），需要承担的净税负都会很高，这主要是因为这些省份通常具有较高的碳强度。

（三）不同排放责任分担原则下各部门短期竞争力影响

通过评估碳税的短期竞争力效应，将碳税的影响细化到行业层面。本书使用各部门单位增加值的额外成本（additional Cost per Value Added，CVA）作为分析指标。基于现有研究（Wang et al.，2011；潘文卿，2015），如果碳税的额外成本占该行业总增加值的 1% 以上，则认为该行业的竞争力将受到严重影响。此外，关于居民层面的补偿机制对生产部门成本变化的影响无法在现有模型框架内分析，因此这里只分析 S1 情景。此外，为便于讨论，本节将 30 个部门整合为 15 个部门。

图 5-7 表示情景 S1 中基于生产侧原则和消费侧原则受影响较大部门的竞争力效应。这些部门主要是能源密集型部门，如电力、热力的生产和供应，石油和天然气开采，金属制品。例如，对于电力、热力的生产和供应，在生产侧原则下，内蒙古的 CVA 值最高（11.3%），其次是宁夏（9.5%）和新疆（9.32%）；在消费侧原则下，天津的 CVA 值最高（11%），其次是辽宁（9.5%）和新疆（8.6%）。对于石油和天然气开采，无论采用何种碳排放核算原则，贵州该部门竞争力都受到了较严重的影响，在生产侧原则和消费侧原则下，其 CVA 值分别为 4.5% 和 5.4%。

在不同的碳排放核算原则下，各部门所受到的碳税影响是不同

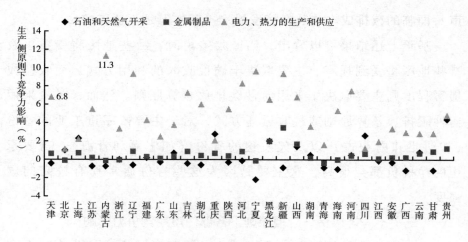

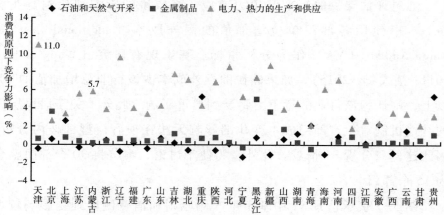

**图 5-7 情景 S1 中基于生产侧原则和消费侧原则
受影响较大部门的竞争力效应**

的。在消费侧原则下，碳税对较发达省份的部门竞争力影响通常较大，而在生产侧原则下，碳税对欠发达省份和主要依赖重工业的省份的部门竞争力影响较大。例如，从图 5-8 可以看出，对于电力、热力的生产和供应业而言，天津在消费侧原则下该部门的竞争力影响比在生产侧原则下高 4.2 个百分点；而内蒙古在消费侧原则下该部门的竞争力影响比在生产侧原则下低 5.6 个百分点。值得注意的是，在消费侧原则下，上海的采选产品和海南的金属制品部门的竞争力影响分别为 30% 和 18%；而在生产侧原则下，相应的竞争力影响分别为 -0.1% 和 0.05%。这主要是因为上海和海南这些部门的消费基本来自其他省份的进口而非自产，因此当采用不同的碳排放核算原则时，这些部门的竞争力影响将出现很大的差异。

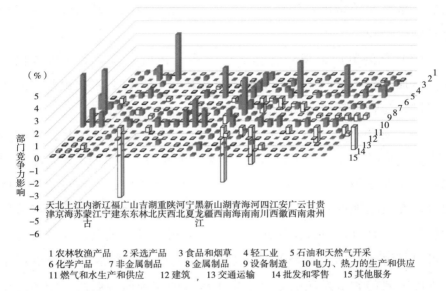

1 农林牧渔产品　　2 采选产品　　3 食品和烟草　　4 轻工业　　5 石油和天然气开采
6 化学产品　　7 非金属制品　　8 金属制品　　9 设备制造　　10 电力、热力的生产和供应
11 燃气和水生产和供应　　12 建筑　　13 交通运输　　14 批发和零售　　15 其他服务

图 5-8　生产侧原则和消费侧原则下各部门的竞争力影响差异

注：完全填充的柱状图表明基于消费侧原则的部门竞争力影响大于基于生产侧原则的部门竞争力影响，而空白的柱状图则相反。

第三节　结论与启示

根据上述分析结果和讨论，本书针对如何征税（生产侧原则 Vs. 消费侧原则）以及如何使用税收收入（S1 Vs. S2 Vs. S3）提出了具体的政策建议。然而，研究结果表明在本书所使用的评价指标中，没有一种选项是最优的。因此，决策者必须根据他们的决策优先级对不同的碳税实施方案进行权衡。

（1）如果特别强调对欠发达地区和弱势群体的保护，则应基于消费侧原则征收碳税，同时，将碳税收入一次性返还给居民，尤其是低收入居民。

（2）如果优先保护欠发达地区，同时保护部门的竞争力，碳税仍然应该基于消费侧原则征收。然而，在这种情况下碳税收入应该用来降低生产税。

（3）如果更加重视经济和执行效率，并在此基础上尽可能保护欠发达地区，则应基于生产侧原则征收碳税，同时，将碳税收入返还给居民，特别是低收入居民。

（4）如果更加重视经济和执行效率，并在此基础上保护部门竞争力，则应基于生产侧原则征收碳税，碳税收入应该用于降低生产税。然而在这种情况下，需要采取额外的措施来保护欠发达地区。例如可以在发达地区和与之贸易关系密切的欠发达地区之间建立联合履约机制。这种合作可以基于现有或潜在的密切贸易关系，在合作方式上可以是财政资助或区域间技术转让。表 5-3 根据本书的分析结果和中国主要的省份发展战略，给出了区域间实施联合履约机制的主要合作选择。

（5）无论碳税以何种原则征收，以及税收收入如何使用，都应特别关注欠发达地区的技术进步和产业结构升级。特别是内蒙古、山西、青海、宁夏、甘肃等需要加快技术和产业升级的地区。这些地区已被纳入"西部大开发"等国家发展战略，旨在提升区域互联互通水平和加强区域合作。然而，这些地区的碳强度仍远高于全国平均水平（见图 5-3）。因此，改善这些地区的技术和产业结构，对于协调碳减排目标与区域发展目标之间的矛盾、实现国家层面碳减排的最大化至关重要。

表 5-3　中国区域间联合履约的主要选项

欠发达地区	合作地区	合作原因		合作方式	
		既有的较强的碳流动关系[a]	潜在的较强的碳流动关系[b]	经济资助[c]	技术转让[d]
内蒙古、河北、山西	江苏、山东、北京、浙江	√			√
安徽、河南、广西	江苏、浙江、广东	√		√	
吉林、辽宁、黑龙江	上海、浙江、广东		√		√
四川、贵州、云南、陕西、甘肃、青海、宁夏、新疆	天津、北京、江苏、浙江		√	√	√

注：a：根据图 5-2 的区域间碳流动关系。

b：根据"西部大开发"战略、"东北地区振兴规划"和"一带一路"倡议。

c：根据图 5-3 的各区域 GDP 差异。

d：根据图 5-4 的各区域碳强度差异。

第四节　本章小结

　　基于 2012 年中国多区域投入产出表，本书考虑三种不同的税收返还情景，以及基于生产侧原则和消费侧原则的两种不同碳排放核算原则，探讨碳税政策实施对中国分省（区、市）的经济影响。结果表明，基于消费侧原则对欠发达地区的保护效果较好，特别是当碳税收入用于对低收入居民进行补偿时。此外，无论在何种排放原则下，碳税都会对能源密集型行业产生较大的影响。然而，相比于生产侧原则，基于消费侧原则的碳税政策将使欠发达地区受影响严重部门的影响被削弱，同时对于较发达地区的部门而言，对其部门的不利影响有所提升。此外，将碳税收入用于降低生产税将使碳税具有地区累退性，特别是基于生产侧原则。最后，根据研究结果对中国省（区、市）间的减排合作提供了对策建议，提倡在发达地区和欠发达地区之间建立联合履约机制，并给出了具体的、可操作的减排合作选择，包括财政资助和区域间技术转让。

第六章　中国省（区、市）间排放责任分担修正研究：基于生产技术异质性的多区域投入产出分析[*]

合理分配各区域的碳排放责任是有效地实施减排政策的基础。关于碳排放责任的核算有两个原则得到广泛讨论，分别是生产侧排放（Production-based Accounting，PBA）和消费侧排放（Consumption-based Accounting，CBA）（Peters，2008）。在第五章笔者已经对这两个原则下中国的分省（区、市）碳排放进行了初步探讨。本章将针对 PBA 原则和 CBA 原则的优劣势进行详细分析，通过考虑中国省（区、市）间贸易部门的生产技术异质性，进一步量化中国各省（区、市）的贸易相关碳排放，重新评估各省（区、市）的碳排放责任，并通过敏感性分析识别出不同地区和不同部门的碳效率改善关键点，从而为通过区域贸易调整与合作来降低碳排放提供决策支持。

相比于 PBA 原则，CBA 原则的优势在于考虑贸易相关的碳排放。国际贸易为不同地区的生产和消费提供了联系，忽略这些联系可能导致对全球和国家碳排放趋势产生误导性分析（Peters et al.，2011）。然而，虽然 CBA 原则考虑了贸易相关的碳排放，但是它未能对各地

---

[*] 本章内容主要源自英文期刊《清洁生产杂志》2022 年第 344 卷发表的张坤、梁巧梅撰写的《量化中国分省贸易相关碳排放：基于部门生产技术异质性视角》，并根据最新研究动态有所调整。

区出口行业的碳效率变化提供直接的反馈。因此，Kander 等（2015）通过刻画出口部门的碳效率差异提出了基于技术调整的消费侧排放（Technology-adjusted CBA，TCBA）原则。TCBA 原则反映了一个国家出口部门的碳效率和该部门世界平均水平的差异。此后，Dietzenbacher 等（2020）进一步区分不同的贸易伙伴，通过考虑贸易双方部门的碳效率差异对贸易相关碳排放核算进行改进，提出排放责任分配（Emission Responsibility Allotment，ERA）原则，并重新核算了全球各国的排放责任。

碳排放责任的分担不仅在国家之间具有重要作用，在一国内部各区域之间也是如此，尤其是在中国。中国作为最大的碳排放国家，有效地降低中国碳排放对于实现全球减排目标至关重要。中国强调区域间均衡发展，合理分配各区域排放责任有助于协调经济和环境目标，实施有针对性的合作减排政策。因此，研究人员和政策制定者试图寻找不同的工具，通过充分考虑区域贸易活动来帮助制定更有效的贸易相关的气候政策。现有研究大多针对中国区域间贸易相关碳转移的大小和方向进行评估（Feng et al.，2020；Pan et al.，2018；Xie et al.，2017；Zhou et al.，2018）。这些研究为识别主要的排放地区以及帮助制定相关的减排政策提供了重要信息。然而，现有研究大多基于 CBA 原则分析中国各区域的贸易相关碳排放，很少考虑贸易双方的部门碳效率差异。而在碳排放核算中考虑这种技术异质性可以为通过贸易合作减排提供正确的激励信号，帮助制定更有效的减排政策。目前仅有 Yang，X. 等根据 ERA 原则核算中国分省（区、市）的碳排放，然而他们并未考虑未来各地区、各部门碳排放变化对于各地区贸易相关碳排放的影响，未能就决策者如何改善各地区、各部门的碳强度提供启示。

因此，本章综合考虑 PBA、CBA、TCBA 和 ERA 四种不同碳排放核算原则，对中国分省（区、市）的碳排放责任分担进行分析。首先，纳入 TCBA 原则的目的在于比较该原则与 ERA 原则等其他不同碳排放核算原则下中国分省（区、市）的碳排放差异，阐述考虑碳强度差异与否对区域排放责任分担产生的影响。其次，考虑到 TCBA 原则未能细分贸易主体，而 ERA 原则能更详细地考虑双方贸易部门的碳强度差异，即本地区和其他不同贸易对象地区的碳强度差异，所以本书后续将主要聚焦 ERA 原则来评估各地区间的贸易如何影响碳排放。然后，根据中国各地区贸易相关的碳排放变化确定各地区的奖励和惩罚情况，并从区域双边贸易和部门层面分析具体的碳排放差异。最后，通过敏感性分析识别各地区、各部门碳效率改善关键点，为各地区从贸易角度制定有效的合作减排政策提供支撑。

第一节　研究方法与数据

一　不同原则下的碳排放核算

关于多区域投入产出模型的基本框架参考第五章的介绍和现有研究（Meng et al.，2018b；Yan et al.，2020；Zhang, Z. et al.，2019）。本部分将主要描述基于不同排放核算原则的碳排放计算。

生产侧排放根据各区域的总产出和相应的碳排放强度来计算，因此根据这一原则，r 地区生产侧排放计算如下。

$$PBA^r = \sum_i q_i^r x_i^r \tag{6.1}$$

其中，q_i^r 为 r 地区第 i 部门的碳排放强度（单位产出的碳排放），x_i^r 为 r 地区第 i 部门的总产出。

消费侧排放是根据最终消费计算的，因此它既包括本地区生产用于本地区消费的商品所引起的碳排放，也包括为满足本地区消费需求而进口的商品所包含的碳排放。因此，CBA 等于 PBA 减去本地区碳排放的流出，再加上碳排放的流入。

$$CBA^r = PBA^r - \sum_{s \neq r} \sum_i q_i^r x_i^{rs} + \sum_{s \neq r} \sum_i q_i^s x_i^{sr} \tag{6.2}$$

其中，$x_i^{rs} = \sum_t \sum_j L_{ij}^{rt} y_j^{ts}$，为 r 地区第 i 部门的产出用于满足 s 地区的最终需求。

基于技术调整的消费侧排放（TCBA）原则，考虑了出口（输出）产品的碳强度差异。在计算各地区出口的碳排放时，用全国平均的出口部门碳强度来代替各地区自己的碳强度（Kander et al.，2015）。

全国各部门的平均碳强度定义如下。

$$\bar{q}_i = \frac{\sum_s \sum_{r \neq s} q_i^s x_i^{sr}}{\sum_s \sum_{r \neq s} x_i^{sr}} \tag{6.3}$$

因此，TCBA 原则下各地区碳排放计算如下。

$$TCBA^r = PBA^r - \sum_{s \neq r} \sum_i \bar{q}_i x_i^{rs} + \sum_{s \neq r} \sum_i q_i^s x_i^{sr} \tag{6.4}$$

ERA 原则考虑了贸易双方部门的碳强度差异，并根据各地区通过双边贸易降低或提高的碳排放量来确定各地区的奖励和惩罚，然后根据奖惩幅度对 CBA 原则进行调整（Dietzenbacher et al.，2020）。具体而言，首先计算各地区的双边贸易所产生的碳排放，然后计算这些贸易完全自给自足的情况下所产生的碳排放，最后根据两种情景的碳排放差异来确定各地区的奖励或惩罚。

假设有 r 和 s 两个地区，从 r 地区的角度来看，r 地区的产品用于满足 s 地区的最终需求所引起的碳排放为 $\sum_i e_i^r y_i^{rs}$，其中 $e_i^r = \sum_s \sum_j q_j^s l_{ji}^{sr}$，表示为满足 1 单位的 r 地区 i 产品的最终需求所带来的碳排放。假设 s 地区对 r 地区产品的最终需求完全来自本地区，则相应的碳排放为 $\sum_i e_i^s y_i^{rs}$。因此两种情景下的碳排放差异计算如下。

$$D^{rs} = \sum_i e_i^r y_i^{rs} - \sum_i e_i^s y_i^{rs} = \sum_i (e_i^r - e_i^s) y_i^{rs} \qquad (6.5)$$

如果差异 D^{rs} 为负值，则意味着 r 地区对 s 地区的贸易输出降低了碳排放；如果差异 D^{rs} 为正值，则意味着提高了碳排放。

同理，r 地区对 s 地区的贸易输入所带来的碳排放变化为：

$$D^{sr} = \sum_i e_i^s y_i^{sr} - \sum_i e_i^r y_i^{sr} = \sum_i (e_i^s - e_i^r) y_i^{sr} \qquad (6.6)$$

因此，r 地区和 s 地区的双边贸易所带来的碳排放变化为：

$$D = D^{rs} + D^{sr} = \sum_i (e_i^r - e_i^s) y_i^{rs} + \sum_i (e_i^s - e_i^r) y_i^{sr} = \sum_i (e_i^r - e_i^s)(y_i^{rs} - y_i^{sr}) \quad (6.7)$$

如果差异 D^{rs} 为负值，则意味着两区域间双边贸易降低了碳排放；如果差异 D^{rs} 为正值，则意味着提高了碳排放。

如果从 s 地区的角度来看，则计算结果一样（对称性）。因此从相等的角度而言，这里将碳排放下降或提高的幅度以相等的比例分配给双方，则单个地区的排放变化为总体的一半。此外考虑所有的贸易伙伴，则 r 地区由双边贸易所带来的总排放的变化计算如下。

$$T^r = \frac{1}{2} \sum_s \sum_i (e_i^r - e_i^s)(y_i^{rs} - y_i^{sr}) \qquad (6.8)$$

由于存在 m 个地区，则所有地区由双边贸易所带来的额外碳排放变化的平均水平计算如下。

$$a = \left[\frac{1}{2} \sum_r \sum_s \sum_i (e_i^r - e_i^s)(y_i^{rs} - y_i^{sr}) \right] / m \qquad (6.9)$$

因此，在 ERA 原则下，r 地区的碳排放计算如下。

$$ERA^r = CBA^r + \left[\frac{1}{2} \sum_s \sum_i (e_i^r - e_i^s)(y_i^{rs} - y_i^{sr}) - a \right] \qquad (6.10)$$

如果 r 地区由双边贸易所降低的碳排放高于全国平均水平，则应该获得奖励，此时差异为负值，有 $ERA^r < CBA^r$。如果 r 地区由双边

贸易所降低的碳排放低于全国平均水平，则会受到惩罚，此时差异为正值，有 $ERA^r > CBA^r$。

在使用 ERA 原则作为政策工具来度量各地区的奖励和惩罚时，期望得到一个双边对称的方案，因此，根据 Dietzenbacher 等（2020）的说明对方程 6.10 进行调整，得到方程 6.11。

$$ERA^{rs} = CBA^{rs} + \left[\frac{1}{2} \sum_i (e_i^r - e_i^s)(y_i^{rs} - y_i^{sr}) - \frac{a}{m} \right] \tag{6.11}$$

二 数据来源

本书所采用的是 2012 年中国多区域投入产出（MRIO）表，与第五章的研究数据一致，同样来自中国排放核算数据库（CEADs）（Mi et al.，2017b）。中国的投入产出表一般每五年（逢 2 和逢 7 的年份）发布一次原始表，具体数据由统计而来，在中间年份发布延长表，即在原始表基础上进行稍微调整，没有进行全面统计。本章使用的 2012 年中国 MRIO 表包含 30 个省（区、市），西藏、香港、澳门和台湾由于数据不可获得所以不包含在内。中国各地区的能源消费数据来自各省（区、市）的能源清单，也来自 CEADs 数据库（Shan et al.，2016；Shan et al.，2018）。此外，由于 MRIO 表包含 30 个部门，而省级能源清单包含 45 个部门，因此，参照 MRIO 表的部门对省级能源清单的部门进行加总或拆分为 30 个部门（见第五章表 5-1）。

第二节 结果与讨论

一 不同责任分担原则下分省碳排放对比

本节通过比较不同原则下中国分省（区、市）的碳排放，从而更明确地揭示如果在中国应用 ERA 原则进行碳排放核算，会更有利于各省（区、市）从环境友好的角度开展区域贸易，相应地降低贸易相关的排放潜力很大。为了直观地对比各种核算原则下的差异，这里以生产侧排放排名前10的省（区、市）为例给出不同核算原则下的碳排放对比情况（见图6-1）。总体而言，PBA原则对于较发达地区有利（如山东、江苏、广东等），而CBA原则更有利于重工业和欠发达地区（如河北、内蒙古、山西等）。

结果显示在TCBA原则下，相比于PBA和CBA原则，大多数地区的碳排放水平发生明显的变化。TCBA考虑了一个地区出口相关的碳排放强度与行业平均水平的差异。对于江苏、广东和浙江等地区而言（PBA<TCBA<CBA），首先，PBA<TCBA（=PBA+碳输入－碳输出）说明即使在TCBA原则下，这些地区仍是碳排放净输入地区，其碳排放输入远高于碳排放输出水平。其次，TCBA<CBA说明这些地区输出相关的碳强度远低于全国层面的行业平均水平。当用各行业的全国平均碳强度来代替其自身的行业碳强度时，其输出相关的碳排放将提高，从而使得其TCBA降低。因此，从这个角度来看，这些地区为满足其他地区的最终需求而提供的商品和服务贸易所产生的碳排放较低，即输出的商品相对较清洁。对于河北、内蒙古等地区而言（CBA<TCBA<PBA），可以看出CBA原则对其有利，而在TCBA原则下这些地区的碳排放也低于PBA原则，但高于CBA原则，说明这些地区仍是碳排放净输出地区。然而也应该注意到这些地区的部门碳强度是高于全国平均水平的，因此，除了降低绝对碳排放量，这些地区也应该关注通过提高碳效率来实现碳减排。

对于ERA原则而言，它考虑了相比于全国平均水平，一个地区由于其区域贸易而降低或提高的碳排放。因此，如果一个地区在ERA原则下的碳排放低于其在CBA原则下的排放（ERA<CBA），则该地区应该得到奖励，因为该地区因其区域间贸易而降低的碳排放高于全国平均水平。图6-1显示，首先，各地区在ERA原则下的碳排

放与 CBA 原则下的碳排放相近，说明各地区在通过贸易降低总体碳
排放水平方面表现很相似。其次，对于不同地区而言，其 ERA 和
CBA 原则下的碳排放差异表示各地区所获得的奖励或惩罚。例如，
图 6-1 显示，河北、江苏、浙江 ERA 原则下的碳排放低于 CBA 原则
下的碳排放，说明这些地区获得奖励；而山东、湖北 ERA 原则下的
碳排放高于 CBA 原则下的碳排放，则意味着得到惩罚。

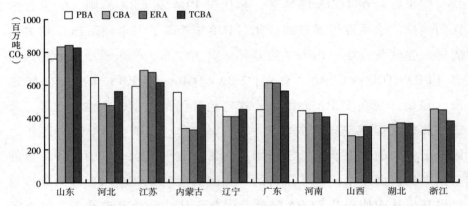

图 6-1　不同核算原则下生产侧排放排名前 10 的省（区、市）的碳排放对比

　　根据定义可知基于 ERA 原则核算的贸易相关碳排放的差异来源
于各地区与其贸易伙伴之间部门碳强度的不同。本书分析结果显示当
前 ERA 和 CBA 原则下碳排放差异小，这说明各地区所选取的贸易伙
伴具有相似的碳强度。这是因为在现有的碳排放核算中，未能合理体
现贸易相关的碳排放，难以为贸易减排提供激励作用。因此各地区并
未依据减排目的来开展贸易活动。这也说明如果在 ERA 原则下，如
果将各地区由环境比较优势带来的贸易减排核算在内，将会促使各区
域基于环境友好的目的来开展区域贸易，那么针对贸易相关的减排潜
力将会很大。并且，在合理的政策引导下，各地区的减排量也会随着
贸易量的提高而提高。

二　ERA 原则下各区域和各部门的碳排放

ERA 原则考虑贸易双方部门的碳强度差异进而对 CBA 原则进行调整，能够更合理地体现贸易相关的碳排放。因此，接下来将主要聚焦 ERA 原则的分析。为了更详细地分析 ERA 原则下各地区的碳排放以及其部门构成，图 6-2 给出了全国各省（区、市）在 ERA 原则下的碳排放以及部门分布情况。从各省（区、市）的碳排放总量来看，ERA 原则下山东的碳排放最高，为 840 Mt CO_2（百万吨），占全国排放总量的 10%；其次是江苏（677 Mt CO_2）和广东（611 Mt CO_2）。这三个排放大省的碳排放占全国碳排放总量的 25%。而相比之下，排放最低的三个省份为宁夏、青海、海南，其碳排放之和为 178 Mt CO_2，仅占全国碳排放总量的 2%。

从部门分布来看，对于所有地区而言，建筑（s24）部门基本上是碳排放最高的部门。例如，对于碳排放最高的地区山东而言，s24 部门的碳排放为 185 Mt CO_2，占其碳排放总量的 22%；其次是通用和专用设备（s16）和其他服务（s30）部门，分别占其碳排放总量的 13% 和 9%。对于江苏而言，建筑（s24）部门的碳排放占其碳排放总量的 15%；其次是电气机械和器材（s18）及交通运输设备（s17），分别占其碳排放总量的 12% 和 11%。另外，对于主要依赖重工业地区例如河北、内蒙古而言，建筑部门（s24）分别占其碳排放总量的 32% 和 28%。对于碳排放较低的地区而言，如宁夏、青海和海南，主要的排放部门是建筑（s24）和其他服务（s30）部门，这两个部门的碳排放之和分别占各地区碳排放总量的 59%、42% 和 50%。值得注意的是，ERA 原则是在 CBA 原则的基础上，根据各地区、各部门的贸易所引起的碳排放的奖惩幅度进行调整的，因此，当一个地区某部门因贸易降低的碳排放远高于该部门全国平均水平时，则有可能该部门在 ERA 原则下的碳排放为负值。例如图 6-2 中北京的交通运输设

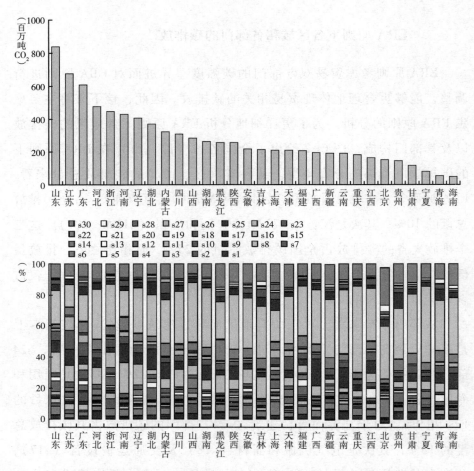

图 6-2 ERA 原则下中国各省（区、市）的碳排放及部门构成

备（s17）部门，该部门在 ERA 原则下的碳排放为-4 Mt CO_2，说明北京针对该部门的贸易有效地降低了碳排放。

三 ERA 原则下各省份的奖励或惩罚幅度

表 6-1 给出 10 个较发达省份和 10 个欠发达省份在 ERA 和 CBA 两种原则下的碳排放差异。差异为负值（ERA<CBA）意味着该省份因贸易所降低的碳排放高于全国平均水平，即为奖励，反之，正值意味着

惩罚。所有的奖励和惩罚总和为 0。总体而言，较发达地区的贸易相关碳排放表现（排放降低 44.4 Mt CO_2）比欠发达地区的贸易相关碳排放表现（排放提高 53.8 Mt CO_2）更好。然而，各发达地区之间的贸易排放表现也存在差异，例如，北京获得奖励，而山东则受到惩罚。而对于欠发达地区而言，则基本均受到惩罚，因为它们的贸易提高了碳排放。对于单独地区而言，获得较多的奖励的地区是北京（17.64 Mt CO_2）、上海（15.81 Mt CO_2）和江苏（12.05 Mt CO_2），而受到较大的惩罚的地区为海南（8.09 Mt CO_2）、江西（8.06 Mt CO_2）和山东（7.97 Mt CO_2）。从排放差异占 CBA 的比例来看，北京和上海的贸易表现依然是最好的，额外的奖励分别占 CBA 原则的碳排放的 10.5% 和 7%；而海南、青海要受到额外的惩罚，分别占 CBA 原则的 20.6% 和 18.3%。

表 6-1 2012 年 10 个较发达地区和 10 个欠发达地区
在 ERA 和 CBA 两种原则下的碳排放差异

单位：百万吨 CO_2，%

10 个较发达地区	ERA-CBA	排放差异占 CBA 的比例	10 个欠发达地区	ERA-CBA	排放差异占 CBA 的比例
天津	0.88	0.4	青海	7.84	18.3
北京	-17.64	-10.5	海南	8.09	20.6
上海	-15.81	-7.0	河南	0.67	0.2
江苏	-12.05	-1.8	四川	7.26	2.4
内蒙古	-9.31	-2.8	江西	8.06	5.3
浙江	-3.61	-0.8	安徽	3.10	1.4
辽宁	0.18	0.0	广西	6.05	3.2
广东	-0.90	-0.1	云南	3.14	1.7
福建	5.93	3.0	甘肃	6.76	6.3
山东	7.97	1.0	贵州	2.82	2.0

注：各地区的发展水平以人均 GDP 衡量，并按照从大到小排列。此外，碳排放数据中负值代表奖励，正值代表惩罚。

接下来本书将进一步从各区域和具体的部门层面分析区域贸易相关的碳排放变化，目的在于识别奖励和惩罚的具体来源，为下一步各区域通过贸易调整进行碳减排提供方向。图 6-3 表示不同省（区、市）间的贸易带来的奖励和惩罚的分布情况。结果显示最大的奖励来自江苏和河北（8 Mt CO_2）之间的贸易，其次是北京和吉林（5 Mt CO_2）之间的贸易。值得注意的是，虽然江苏总体上获得奖励，然而江苏和广东之间的区域贸易将会受到惩罚（5 Mt CO_2），因为其提高了碳排放。北京（18 Mt CO_2）作为最大受奖励地区，其奖励来源除了吉林，还有河北（4 Mt CO_2）、山西（3 Mt CO_2）和内蒙古（3 Mt CO_2）。上海（16 Mt CO_2）作为第二大受奖励地区，其奖励来源主要是吉林（3 Mt CO_2）和内蒙古（3 Mt CO_2）。值得注意的是，在 ERA 原则下，发达地区是主要的获益者，一些欠发达地区和重工业地区也会获益，例如新疆和河北，获得奖励分别为 13 Mt CO_2 和 11 Mt CO_2。这主要是因为这些地区与较发达地区的区域贸易降低了碳排放，比如新疆的奖励主要来自其与江苏、上海、浙江和北京之间的贸易，河北的奖励主要来自其与江苏、北京之间的贸易。此外，受到惩罚的主要地区是湖北、重庆、海南、江西、山东、青海、宁夏，这些地区与其他地区的贸易表现分布很平均，没有主要的惩罚来源。例如，重庆与广东之间贸易的惩罚为 2 Mt CO_2，广西与江苏之间的贸易惩罚为 1 Mt CO_2。主要原因是这些地区与其贸易伙伴之间的碳强度差异不大，因而区域间贸易所带来的碳排放惩罚都很相似。

图 6-4 表示不同区域基于 ERA 和 CBA 原则的差异在部门层面的分布。正值为惩罚（负值为奖励），表示一个地区某部门的贸易所带来的碳排放变化幅度比该部门的贸易所带来的全球平均碳排放变化幅度大。结果显示，北京作为最大的受奖励地区，主要的部门来源是交通运输设备（s17，8 Mt CO_2）与科学研究和技术服务（s29，4 Mt CO_2）。这说明北京针对这些部门产品的贸易有效地降低了碳排放。同

	北京	天津	河北	山西	内蒙古	辽宁	吉林	黑龙江	上海	江苏	浙江	安徽	福建	江西	山东	河南	湖北	湖南	广东	广西	海南	重庆	四川	贵州	云南	陕西	甘肃	青海	宁夏	新疆	总计
北京	0	−1	−4	−3	−3	−1	−5	−1	0	0	0	0	0	0	−1	−1	0	0	0	0	0	0	0	0	0	0	0	0	0	−2	−18
天津	−1	0	0	−1	−1	0	−2	0	0	0	0	0	0	0	0	0	0	0	0	0	0	0	0	0	0	0	0	0	0	0	1
河北	−4	0	0	0	1	0	0	0	−2	−8	−1	−1	0	0	0	0	0	0	−1	0	0	0	0	0	0	0	0	0	0	0	−11
山西	−3	−1	0	0	0	0	0	0	−2	−2	−1	−1	0	0	0	0	0	0	−2	0	0	0	0	0	0	0	0	0	0	0	−7
内蒙古	−3	−1	1	0	0	0	0	0	−3	−3	−1	0	0	0	0	1	0	−1	−2	0	0	0	0	0	0	0	0	0	0	0	−9
辽宁	−1	0	0	0	0	0	−1	0	−1	−1	0	0	0	0	0	0	0	0	0	0	0	0	0	0	0	0	0	0	0	0	0
吉林	−5	−2	0	0	0	−1	0	1	−3	−1	−1	0	0	0	0	0	0	0	0	0	0	0	0	0	0	0	0	0	0	0	−10
黑龙江	−1	0	0	0	0	0	1	0	−1	−1	−1	0	0	0	0	0	0	0	−1	0	0	0	0	0	0	0	0	0	0	0	0
上海	0	0	−2	−2	−3	−1	−3	−1	0	0	1	0	0	0	0	−2	0	0	1	−1	0	0	0	0	−1	−1	0	0	0	−2	−16
江苏	0	0	−8	−2	−3	−1	−1	−1	0	0	0	0	0	0	0	1	0	1	5	1	0	0	0	−1	0	0	0	0	0	−4	−12
浙江	0	0	−1	−1	−1	0	−1	−1	1	0	0	0	0	0	0	−1	0	0	1	0	0	0	0	0	0	0	0	0	0	−2	−4
安徽	0	0	−1	−1	0	0	0	0	0	0	0	0	0	0	0	0	0	0	1	0	0	0	0	0	0	0	0	0	0	−1	3
福建	0	0	0	0	0	0	0	0	0	0	0	0	0	0	0	0	0	0	0	0	0	0	0	0	0	0	0	0	0	0	6
江西	0	0	0	0	0	0	0	0	0	0	0	0	0	0	0	0	0	0	0	0	0	0	0	0	0	0	0	0	0	0	8
山东	−1	0	0	0	0	0	0	0	0	0	0	0	0	0	0	1	0	0	0	0	0	0	0	0	0	0	0	0	0	0	8
河南	−1	0	0	0	0	0	0	0	−2	1	−1	0	0	0	1	0	0	−1	−1	0	0	0	0	0	0	0	0	0	0	−1	1
湖北	0	0	0	0	0	0	0	0	0	0	0	0	0	0	0	0	0	0	0	0	0	0	0	0	0	0	0	0	0	0	9
湖南	0	0	0	0	−1	0	0	0	0	1	0	0	0	0	0	−1	0	0	0	0	0	1	0	0	0	0	0	0	0	−1	2
广东	0	0	−1	−2	−2	0	0	−1	1	5	1	1	0	0	0	−1	0	0	0	−1	0	2	0	−2	−2	0	0	0	0	−2	−1
广西	0	0	0	0	0	0	0	0	−1	1	0	0	0	0	0	0	0	0	−1	0	0	1	0	0	0	0	0	0	0	0	6
海南	0	0	0	0	0	0	0	0	0	0	0	0	0	0	0	0	0	0	0	0	0	0	0	0	0	0	0	0	0	0	8
重庆	0	0	0	0	0	0	0	0	0	0	0	0	0	0	0	0	0	1	2	1	0	0	0	0	0	1	0	0	0	−1	9
四川	0	0	0	0	0	0	0	0	0	0	0	0	0	0	0	0	0	0	0	0	0	0	0	0	0	0	0	0	0	0	7
贵州	0	0	0	0	0	0	0	0	0	−1	0	0	0	0	0	0	0	0	−2	0	0	0	0	0	0	0	0	0	0	0	3
云南	0	0	0	0	0	0	0	0	−1	0	0	0	0	0	0	0	0	0	−2	0	0	0	0	0	0	0	0	0	0	0	3
陕西	0	0	0	0	0	0	0	0	−1	0	0	0	0	0	0	0	0	0	0	0	0	1	0	0	0	0	0	0	0	0	4
甘肃	0	0	0	0	0	0	0	0	0	0	0	0	0	0	0	0	0	0	0	0	0	0	0	0	0	0	0	0	0	0	7
青海	0	0	0	0	0	0	0	0	0	0	0	0	0	0	0	0	0	0	0	0	0	0	0	0	0	0	0	0	0	0	8
宁夏	0	0	0	0	0	0	0	0	0	0	0	0	0	0	0	0	0	0	0	0	0	0	0	0	0	0	0	0	0	0	8
新疆	−2	0	0	0	0	0	0	0	−2	−4	−2	−1	0	0	0	−1	0	−1	−2	0	0	−1	0	0	0	0	0	0	0	0	−13
总计	−18	1	−11	−7	−9	0	−10	0	−16	−12	−4	3	6	8	8	1	9	2	−1	6	8	9	7	3	3	4	7	8	8	−13	0

图 6-3　不同省份在双边贸易层面基于 ERA 和 CBA 原则的碳排放差异（Mt CO_2）

注：阴影部分表示省份间碳排放差异变化的关键点。余图/表同。

	s1	s2	s3	s4	s5	s6	s7	s8	s9	s10	s11	s12	s13	s14	s15
北京	0	0	0	0	0	2	0	0	0	0	0	0	0	0	0
天津	0	0	0	0	0	0	0	0	0	0	0	0	0	0	0
河北	0	0	0	0	0	0	0	0	−1	0	0	0	0	0	1
山西	0	0	0	0	0	−1	0	0	0	0	0	0	0	0	−1
内蒙古	−1	0	0	0	0	1	0	0	0	0	0	0	0	0	0
辽宁	0	0	0	0	0	0	0	0	0	0	0	0	0	0	0
吉林	0	0	0	0	0	2	0	−1	0	0	0	0	0	0	0
黑龙江	0	0	0	0	0	1	0	0	0	0	0	0	0	0	−1
上海	−1	0	0	0	0	2	0	0	0	0	0	0	0	0	0
江苏	0	0	0	0	0	0	0	0	0	0	0	0	0	0	0
浙江	0	0	0	0	0	−1	0	0	0	0	0	0	0	0	−1
安徽	0	0	0	0	0	0	0	0	0	0	0	0	0	0	0
福建	0	0	0	0	0	0	0	−1	0	0	0	0	0	0	0
江西	0	0	0	0	0	0	0	0	0	0	0	0	0	0	0
山东	2	0	0	0	0	0	0	0	0	0	0	0	0	0	0
河南	−1	0	0	0	0	0	0	0	0	0	0	0	0	0	0
湖北	0	0	0	0	0	0	0	0	0	0	0	0	0	0	0
湖南	0	0	0	0	0	0	0	0	0	0	0	0	0	0	0
广东	1	0	0	0	0	0	0	0	0	0	0	0	0	0	0
广西	−1	0	0	0	0	0	0	0	0	0	0	0	0	0	0
海南	0	0	0	0	0	−1	0	0	0	0	0	0	0	0	0
重庆	0	0	0	0	0	0	0	0	0	0	0	0	0	0	0
四川	0	0	0	0	0	−1	0	0	0	0	0	0	0	0	0
贵州	0	0	0	0	0	0	0	0	0	0	0	0	0	0	0
云南	0	0	0	0	0	0	0	0	0	0	0	0	0	0	0
陕西	0	0	0	0	0	0	0	0	0	0	0	0	0	0	0
甘肃	0	0	0	0	0	−1	0	0	0	0	0	0	0	0	0
青海	0	0	0	0	0	0	0	0	0	0	0	0	0	0	0
宁夏	0	0	0	0	0	−1	0	0	0	0	0	0	0	0	0
新疆	3	0	0	0	0	−1	−2	0	0	0	0	0	0	0	0

	s16	s17	s18	s19	s20	s21	s22	s23	s24	s25	s26	s27	s28	s29	s30	总计
北京	−2	−8	0	−2	0	0	−1	0	1	−1	−1	0	0	−4	−2	−18
天津	2	0	2	0	0	0	0	0	0	0	0	0	0	−1	−1	1
河北	−1	0	0	−3	−1	0	0	0	−6	0	0	0	0	1	−1	−11
山西	0	−6	0	−3	0	0	0	0	1	0	0	0	0	1	0	−7
内蒙古	−2	−6	−3	1	0	0	0	0	0	0	2	0	0	0	−1	−9
辽宁	0	0	0	0	0	0	0	0	0	0	0	0	0	1	0	0
吉林	−2	0	1	1	0	0	0	0	−1	−1	−1	0	0	−9	0	−10
黑龙江	−2	2	−1	1	0	0	0	0	0	0	0	0	0	0	0	0
上海	−6	−6	0	−1	0	0	0	0	0	0	0	0	0	−2	−1	−16
江苏	−3	2	−2	−1	1	0	0	0	−8	0	0	0	0	1	−1	−12
浙江	−2	−1	−1	1	0	0	0	0	1	0	0	0	0	1	0	−4
安徽	1	2	−2	1	0	0	0	0	1	0	0	0	0	1	0	3
福建	2	2	1	1	0	0	0	0	1	0	0	0	0	1	0	6
江西	2	2	1	1	0	0	0	0	1	0	0	0	0	1	0	8
山东	2	0	2	1	0	0	0	0	0	−1	0	0	0	1	0	8
河南	0	−2	0	0	0	0	0	0	−1	0	3	0	0	1	0	1
湖北	2	2	1	1	0	0	0	0	1	0	0	0	0	1	0	9
湖南	−3	3	1	0	0	0	0	0	1	0	0	0	0	1	0	2
广东	−2	0	−3	−2	1	0	0	0	5	0	0	0	0	1	0	−1
广西	1	1	1	1	0	0	0	0	1	0	0	0	0	1	0	6
海南	2	2	1	1	0	0	0	0	1	0	0	0	0	1	0	8
重庆	2	2	1	0	0	0	0	0	2	0	0	0	0	0	1	9
四川	2	2	1	1	0	0	0	0	1	0	0	0	0	1	0	7
贵州	1	2	−1	0	0	0	0	0	0	0	0	0	0	1	1	3
云南	2	0	−1	1	0	0	0	0	0	0	0	0	0	1	0	3
陕西	1	1	1	0	0	0	0	0	0	0	0	0	0	1	0	4
甘肃	2	1	1	1	0	0	0	0	1	0	0	0	0	1	0	7
青海	2	2	1	1	0	0	0	0	1	0	0	0	0	1	0	8
宁夏	2	2	1	1	0	0	0	0	1	0	0	0	0	1	0	8
新疆	−3	−4	−1	−2	0	0	0	0	0	0	−2	0	0	1	0	−13

图 6-4 不同省份基于 ERA 和 CBA 原则的差异在部门层面的分布（Mt CO_2）

注：总计指横向加总，代表各省份基于 ERA 和 CBA 原则的排放差异在部门层面的分布加总等于该地区的变化总量。

样，交通运输设备（s17）部门也是上海、山西和内蒙古等获得奖励地区的主要部门来源，这些地区从该部门获得的奖励均为 6 Mt CO_2。上海作为第二大受奖励地区，其部门来源除了交通运输设备（s17）外，还有通用和专用设备（s16，6 Mt CO_2）部门。其他主要受奖励的还有江苏的建筑（s24，8 Mt CO_2）部门。此外，将建筑（s24）作为主要受奖励的部门的还有河北（6 Mt CO_2）。对于吉林而言，科学研究和技术服务（s29）是其主要受奖励部门（9 Mt CO_2），占该地区奖励的 90%。新疆获得的奖励主要来自通用和专用设备（s16，3 Mt CO_2）和交通运输设备（s17，4 Mt CO_2）。

对于主要的受惩罚地区而言，广东的建筑（s24）部门受的惩罚最大（5 Mt CO_2）。并且，广东所获得的奖励基本被该部门的惩罚抵消。因此，从降低碳排放的角度而言，广东对于建筑（s24）部门的贸易是不利于减排的，应该降低该部门的贸易输出，同时提高如通用和专用设备（s16），电气机械和器材（s18），通信设备、计算机和其他电子设备（s19）等部门的贸易。其次，交通运输设备（s17）也是主要受到惩罚的部门，如湖南（3 Mt CO_2）、湖北（2 Mt CO_2）和重庆（2 Mt CO_2）。其他获得惩罚的主要部门还有新疆的农林牧渔产品和服务（s1，3 Mt CO_2）和河南的批发和零售（s26，3 Mt CO_2）。

四　敏感性分析：各地区的关键碳效率提升点

（一）一个地区所有部门的碳效率提高

上述分析揭示了各地区当前的贸易情况对碳排放的影响，从双边区域和部门角度识别各地区的奖励和惩罚，有助于更好地理解各地区在碳强度不变的情况下，如何通过调整贸易活动来实现减排。为了分析各地区在未来降低部门碳强度的情况下，相应的贸易相关的碳排放将会如何变化，本书进一步考虑敏感性分析。探讨当各地区的部门碳强度下降时，该地区贸易相关碳排放的奖励和惩罚幅度的变化情况。

首先分析当一个地区所有部门的碳强度下降 10% 时，该地区（对角线）以及其他地区的奖惩变化情况。如图 6-5 所示，第 2 列为各地区的基准（Base）情景下奖惩情况（负值为奖励，正值为惩罚），第 3~32 列为当部门的碳强度降低时，各地区相对于基准（Base）情景的碳排放奖惩变化情况（百分比）。结果显示，对于较发达地区，如北京、上海和江苏而言，当这些地区的部门碳强度下降时，获得的奖励会提高。主要是因为这些地区的部门碳强度本身就低于全国平均水平，当其碳强度进一步下降时，通过环境比较优势所产生的收益增加。例如，对于江苏和上海而言，当所有部门的碳强度下降 10% 时，由贸易活动所获得的碳排放奖励分别提高了 35.2% 和 5.07%。

其次，对于依赖重工业地区和欠发达地区而言，如河北和新疆，这些地区的部门碳强度基本高于全国平均水平，之所以获得奖励是因为与较发达地区的双方贸易所避免的碳排放。因此当这些地区的碳强度降低时，相应的奖励会降低。这是因为随着这些地区的部门碳强度的下降，贸易双方部门的碳强度差异减小，从而由于环境比较优势所避免的排放会降低。值得注意的是，当这些地区的部门碳强度降低时，总排放也会下降。从这个层面来说，提高部门的碳效率仍是有利于减排的。此外，对于那些受到惩罚的地区而言，各地区由于部门碳强度降低而带来的影响有所不同。例如，对于安徽而言，基准（Base）情景下该地区的惩罚为 3.1 Mt CO_2，而当其部门的碳强度下降 10% 时，该地区的惩罚将会降低 20.47%。而对于广西而言，基准（Base）情景下该地区的惩罚为 6.05 Mt CO_2，当其部门的碳强度下降 10% 时，该地区的惩罚将会提高 16.86%。

最后，当一个地区的部门碳强度降低时，贸易双方部门碳强度差异的变化也会对其他地区的奖惩情况产生影响。例如，当北京的部门碳强度降低 10% 时，将会使辽宁的惩罚提高 5.95%，而使河南的惩罚

	Base (Mt)	北京	天津	河北	山西	内蒙古	辽宁	吉林	黑龙江	上海	江苏	浙江	安徽	福建	江西	山东	河南	湖北	湖南	广东	广西	海南	重庆	四川	贵州	云南	陕西	甘肃	青海	宁夏	新疆
北京	-17.64	1.73	-0.32	-1.59	-0.53	-0.58	-0.88	-2.83	-0.17	-0.37	-1.73	-0.32	-0.56	-0.11	-0.10	-0.52	-0.63	0.11	-0.01	-0.12	0.15	-0.01	-0.34	0.01	0.11	0.22	-0.22	-0.06	0.00	0.03	-0.15
天津	0.88	1.62	94.31	-16.48	-3.22	-4.23	-3.81	5.90	-11.24	-2.68	-0.29	-0.38	2.33	1.10	0.18	-0.60	-11.19	-0.08	1.44	0.23	0.83	0.25	-1.01	0.12	0.72	1.10	0.50	0.60	-1.45	-1.16	-17.11
河北	[0.91]	-0.03	0.16	-21.14	-1.20	1.02	0.62	0.35	1.15	-0.04	1.69	-0.37	0.12	-0.13	0.02	-0.48	1.00	-0.16	0.92	0.58	1.18	0.09	0.07	0.20	1.08	1.41	1.01	0.35	0.17	0.05	1.62
山西	-7.03	0.03	1.19	3.83	-32.11	3.67	0.77	2.40	1.91	-0.43	-2.30	-0.38	-0.46	-0.15	0.13	0.69	2.00	0.05	0.76	0.70	1.08	0.13	-0.19	0.26	0.94	1.29	0.80	0.41	0.34	0.14	2.69
内蒙古	-9.31	0.03	1.28	4.40	1.95	-37.56	1.95	1.95	1.83	0.43	1.15	0.27	0.29	0.16	0.13	0.76	1.91	0.05	1.05	0.70	1.08	0.13	0.33	0.26	0.94	1.29	0.80	0.41	0.14	0.12	1.78
辽宁	0.18	5.95	-0.56	-17.67	-28.38	7.53	-134.60	90.20	87.53	11.20	30.91	14.85	10.66	3.79	-0.77	6.14	6.01	9.54	0.82	0.45	-24.84	-1.43	17.76	0.29	-24.32	-26.23	-11.54	-1.01	-7.14	-0.30	-34.85
吉林	-9.86	-6.40	34.55	79.05	116.20	130.42	51.16	204.46	-11.24	-21.19	-43.04	-4.53	-10.07	-5.91	1.62	37.55	89.97	-8.78	52.43	27.33	52.33	5.05	-14.53	8.66	51.69	67.17	45.88	15.99	15.23	2.25	138.86
黑龙江	-0.14	-0.21	-0.21	-1.20	-0.54	-1.45	-1.28	-2.05	-19.70	5.07	-1.52	0.42	-0.43	-0.07	-0.16	-0.46	-1.32	-0.03	-0.42	-0.56	-0.55	-0.09	-0.48	-0.07	-0.33	-0.27	-0.32	-0.23	-0.11	-0.08	-0.65
上海	-15.81	-0.42	-0.70	-2.80	-0.33	-0.18	-3.45	-1.67	0.30	-21.19	-43.04	0.42	0.17	-0.33	-0.33	-1.40	-0.62	0.03	-3.68	-2.86	-2.07	-0.38	-0.88	-0.64	-1.57	-1.52	-1.35	-0.44	-0.40	0.06	-3.24
江苏	-12.05	0.36	-0.62	-0.33	-2.42	0.19	-3.91	0.30	0.03	0.34	35.20	0.17	2.39	-0.33	0.42	-0.58	-2.25	0.03	-0.55	-1.72	-0.77	-0.13	-1.69	-0.64	-0.74	-0.20	-1.00	-0.18	0.04	-0.05	-2.38
浙江	-3.61	0.19	-0.40	-1.24	0.19	-2.75	-1.11	0.18	-0.02	-1.28	-9.16	21.98	-1.09	0.22	-0.31	-0.52	-0.02	0.32	-0.39	-0.02	-0.88	-0.17	0.64	0.03	-0.65	-0.72	-0.97	-0.41	-0.37	-0.09	-1.37
安徽	3.10	-0.11	-0.51	-1.11	-1.11	-2.79	3.34	0.70	-0.60	0.57	-3.33	0.14	-20.47	0.31	0.25	1.72	3.03	0.64	0.03	0.32	-0.63	0.08	1.78	0.07	-0.58	-1.01	-0.38	-0.13	-0.16	-0.05	-1.76
福建	5.93	-1.96	-0.62	-2.08	-2.08	-2.94	-1.84	-1.92	-1.36	1.33	3.63	0.70	0.30	-6.29	0.25	-0.05	-0.78	0.26	-0.19	0.11	-0.78	-0.03	0.45	0.04	-0.58	-1.09	-0.49	-0.21	-0.37	-0.09	-2.02
江西	8.06	0.74	-0.40	-1.86	-1.86	-2.46	-1.39	-1.39	-1.33	0.75	3.35	0.81	0.44	0.31	0.07	-0.06	-0.88	0.32	0.03	-0.02	-0.88	-0.17	0.19	0.04	-0.81	-1.09	-0.97	-0.41	-0.26	0.00	-1.88
山东	7.97	-1.51	-0.40	-1.66	-1.66	-2.46	-14.66	-1.27	-1.27	0.52	3.01	0.04	0.30	0.22	0.04	0.98	-0.39	0.32	-0.39	-7.10	-12.65	-0.16	0.85	0.04	-0.81	-1.14	-1.51	-0.93	0.70	0.70	-9.79
河南	0.67	0.15	-5.40	-5.07	-5.07	-32.86	-16.24	-0.79	-0.26	-9.23	-13.44	-2.96	-11.00	1.18	-1.57	-16.93	215.89	-0.63	-13.19	-7.10	-1.63	-0.04	0.85	0.03	-6.43	-1.09	-0.97	-0.63	-0.27	-0.04	-2.80
湖北	8.65	0.20	-2.10	-2.07	-2.07	-5.60	-0.61	-2.09	-1.52	0.95	3.52	0.22	0.93	0.22	0.08	0.02	0.37	-3.76	0.20	-0.02	0.01	-0.04	-0.77	0.64	-0.05	-1.03	-0.34	-0.18	-0.81	-0.13	-1.91
湖南	2.12	0.25	-2.10	-4.51	-4.51	-2.99	-0.61	-5.78	-4.44	1.24	7.67	1.52	1.70	0.37	-0.10	-0.77	-3.84	0.54	21.14	-0.82	-1.63	0.01	3.30	0.64	-0.05	-3.31	-1.89	-0.60	0.68	0.69	-9.15
广东	-0.90	0.35	4.58	12.97	-0.27	-4.51	-0.54	7.22	-4.14	1.82	3.65	0.50	0.69	0.02	-0.13	-1.02	-3.98	0.26	-3.73	-7.44	-15.89	-0.07	-0.83	-0.29	-17.06	-19.48	-2.20	-0.29	-0.35	-0.25	-2.56
广西	6.05	0.15	-1.16	-3.27	-2.66	-8.84	-0.82	-3.27	-1.97	0.04	2.08	0.09	0.33	0.15	-0.10	-0.28	-1.69	0.03	-0.97	-0.95	16.56	-0.62	-0.63	-0.31	-0.68	-0.81	-1.00	-0.42	-0.25	-0.12	-2.23
海南	8.09	0.20	-0.61	-1.22	-1.98	-2.82	0.05	-1.89	-1.41	0.76	3.73	0.70	0.81	0.23	0.06	0.00	-1.08	0.26	-0.29	0.01	-0.09	0.69	-0.69	-0.09	-0.74	-0.99	-1.00	-0.63	0.04	-0.12	-0.65
重庆	8.54	0.23	-0.35	-1.24	-1.08	-3.53	-0.17	-2.31	-1.10	0.86	3.23	0.70	0.41	0.47	0.05	0.23	-1.46	0.20	0.07	-0.22	0.45	-0.04	-6.89	-0.52	-1.41	-1.37	-0.37	-0.18	0.04	-0.27	-1.91
四川	7.26	0.15	-0.65	-1.92	-2.07	-3.16	0.05	-2.09	-1.52	0.94	3.52	0.80	0.22	0.22	0.08	-0.43	-1.13	0.29	-0.54	-0.29	-0.87	-0.04	0.65	1.97	-0.61	-1.03	-0.56	-0.12	-0.27	-0.04	-1.91
贵州	2.82	0.35	-2.07	-5.70	-6.10	-9.56	-0.61	-5.78	-4.44	1.30	7.67	1.52	1.70	0.37	-0.10	-0.77	-3.84	0.54	-2.17	-2.05	-2.96	-0.33	0.63	-0.66	36.67	-3.31	-1.89	-0.84	-0.76	-0.43	-6.39
云南	3.14	0.35	-2.12	-6.16	-5.74	-8.84	-1.82	-5.90	-4.14	0.84	3.65	0.50	0.69	0.02	-0.13	-1.02	-3.98	0.26	-1.70	-2.30	-3.24	-0.31	-0.69	-0.74	-2.35	45.12	-1.96	-0.86	-0.70	-0.49	-6.12
陕西	3.89	0.24	-1.59	-3.85	-1.75	-4.53	-1.25	-2.77	-2.60	0.57	2.08	0.73	0.33	0.15	0.05	0.21	-2.97	-0.12	-1.88	-1.46	-2.03	-0.18	0.33	-0.32	-1.76	-1.96	20.83	-0.24	-0.24	0.52	-2.97
甘肃	6.76	0.23	-0.39	-1.77	-2.42	-3.53	-0.17	-2.31	-1.75	0.69	3.47	0.74	0.87	0.22	0.08	-0.21	-1.16	0.28	-0.48	-0.22	-1.13	-0.08	0.33	-0.14	-1.02	-1.37	-0.67	5.27	-0.15	-0.12	-2.63
青海	7.84	0.15	-0.80	-1.97	-2.18	-3.35	-0.05	-2.09	-1.58	0.88	3.81	0.80	0.96	0.27	0.10	-2.20	-1.05	0.27	-0.41	-0.15	-0.96	-0.10	0.22	-0.12	-0.95	-1.25	-0.81	-0.36	4.49	-0.04	-2.47
宁夏	7.83	0.22	-0.69	-1.82	-2.07	-3.18	0.08	-2.00	-1.53	-0.50	-1.08	-0.09	-0.20	-0.01	0.10	0.31	1.03	-0.04	0.48	0.35	-0.91	-0.07	0.40	-0.12	0.86	-1.19	-0.64	-0.26	-0.31	1.92	-2.31
新疆	-12.51	-0.06	0.47	1.41	1.44	2.06	0.33	1.26	-1.21	0.88	-1.08	-0.09	-0.20	-0.01	0.10	0.31	1.03	-0.04	0.48	0.35	0.07	0.07	-0.07	0.15	0.59	-1.19	0.57	0.17	0.15	0.07	-21.20

图6-5 当一个省份所有部门的碳强度下降10%时，该省份（对角线）以及其他省份的碳排放奖惩变化情况

降低 1.96%。此外，当新疆的部门碳强度下降 10% 时，会使辽宁和天津的惩罚分别降低 34.85% 和 17.11%。

（二）一个部门所有地区的碳效率提高

本小节分析当所有地区的某一特定部门的碳强度下降 10% 时，各地区的奖惩变化情况，这样更有利于各地区在部门碳强度改善上把握重点。如图 6-6 所示，其中第 2 列为各地区的基准（Base）情景奖惩情况（负值为奖励，正值为惩罚），第 3~32 列为当部门的碳强度改变时，各地区相对于基准（Base）情景的奖惩变化情况（百分比）。总体而言，当一个部门所有地区的碳强度下降时，大多数受奖励地区的奖励幅度会提高，受惩罚地区的惩罚幅度会降低。例如，对于建筑部门（s24）而言，当所有地区该部门的碳强度下降 10% 时，北京的惩罚将会降低 0.07%，黑龙江的惩罚将会降低 8.58%，而广西和贵州的奖励将会分别提高 0.24% 和 0.37%。

其次，对于不同的部门而言，各地区的获益情况有所不同。如果一个地区的奖励提高或惩罚降低，则称之为获益地区。例如，对于农林牧渔产品和服务（s1）部门而言，当该部门的所有地区的碳强度下降 10% 时，有 17 个地区获益，对于电力、热力的生产和供应（s22）部门，有 21 个地区获益。而当食品和烟草（s6）部门的碳强度降低 10% 时，仅有 7 个地区获益。最后，对于同一地区而言，不同部门的碳强度下降，对该地区的排放奖惩情况的影响有所不同。例如，对于北京而言，农林牧渔产品和服务（s1）与纺织品（s7）等部门的碳强度降低会使得其奖励提高，而煤炭采选（s2）、石油和天然气开采（s3）等部门的碳强度降低会使得其奖励降低。对于重庆而言，农林牧渔产品和服务（s1）、食品和烟草（s6）部门的碳强度降低会使其惩罚提高，而其他部门的碳强度降低均会使其惩罚降低。因此，通过分析各地区的部门碳强度降低对于其排放奖励和惩罚的影响，有助于识别一个地区应该着重改进的碳效率关键点。

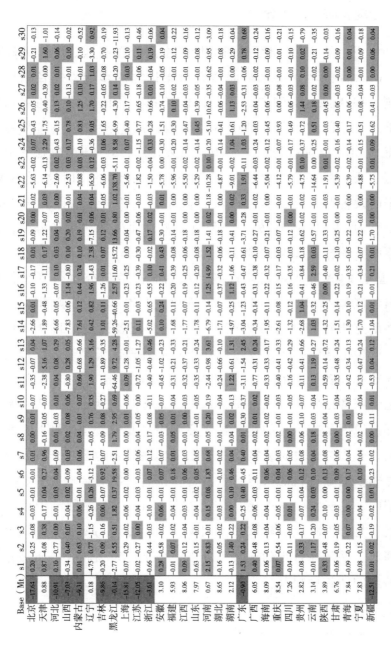

图6-6　当所有省份的某一特定部门的碳强度下降10%时，各省份的奖惩变化情况

五　与现有研究的对比

（1）本书根据 ERA 原则重新分析了中国分省（区、市）的碳排放责任，ERA 原则考虑了区域间贸易对碳排放的影响，并且相比于 CBA 原则，ERA 原则详细考虑了各地区与其贸易伙伴之间的部门碳强度异质性。通过细化贸易部门双方的碳强度差异确定一套奖惩机制，从而对 CBA 原则进行修正。研究结果显示，在 ERA 原则下中国分省（区、市）的碳排放责任相比于 CBA 原则有所不同但差异不大。例如对于内蒙古和广西而言，两种排放原则下的碳排放差异占 CBA 的比例分别为-2.8% 和 3.2%。但是对于个别地区如北京和海南，两种排放原则下的排放差异分别为-10.5% 和 20.6%。Dietzenbacher 等（2020）基于 ERA 原则针对全球各区域的碳排放研究也得到类似结果，指出各区域在 ERA 原则下的碳排放责任与 CBA 原则相似。然而，这并不意味着 ERA 原则对于重新合理分配各区域的排放责任意义薄弱。产生上述结果的主要原因在于目前各地区贸易双方部门的碳强度差异较小，各地区在通过贸易调整实现碳减排方面表现基本相似。这也说明各地区对于通过贸易调整与合作来实现减排的重视程度不足。部分原因是在现有的排放核算原则中，并未合理体现贸易相关的碳排放，难以为通过贸易减排提供激励作用。各地区在开展贸易活动时，并非依据减排目的来进行贸易合作部署。随着区域间贸易往来密切，部门交易量加大，考虑环境比较优势的 ERA 原则将促使各地区在开展贸易合作时纳入碳减排的因素，从而使贸易调整带来的碳减排潜力释放，并且在合理的政策引导下，各地区贸易相关的碳减排将随着贸易量的增长而提高。

（2）将本章结果与现有研究尤其是 Yang 等（2020）的分析进行对比，他们的研究也在 ERA 原则下探讨了中国分省（区、市）的碳排放变化。对比显示这两个研究得到了一些相似的结果，但也存在明显的不同之处。例如两者都指出在 ERA 原则下山东和江苏的碳排放总量最高以及较发达地区的贸易相关的碳排放表现优于欠发达地区。然而在具体区域层面的贸易表现以及相应的碳排放方面存在明显的差异。首先，Yang 等（2020）的研究指出在贸易相关的碳减排方面表现最好的省份是新疆，最差的是广东，而本书的分析结果显示北京地区的表现最好，海南和江西的表现较差，存在这种差异的原因在于两者的数据处理过程有所不同，例如在分配贸易双方的减排努力方面存在区别。其次，本书在基于 ERA 原则分析中国分省（区、市）碳排放责任的基础上进一步探讨了各地区、各部门应该如何提高碳效率从而更好地实现贸易相关的减排，而 Yang 等（2020）的研究并未包含这部分内容。例如，本书的研究结果显示北京应该提高木材加工品和家具（s9）部门的碳效率，而山西则应该提高煤炭采选（s2）部门的碳效率，这为决策者在现实中基于 ERA 原则进行具体的贸易调整提供支撑。最后，值得指出的是，这两个研究都为如何更好地分配中国省（区、市）间减排责任提供了重要参考，本书是对 Yang 等（2020）的补充和扩展。随着区域间贸易往来持续扩大，产业生产分工深化，贸易相关的碳减排将对中国实现碳中和目标产生重大影响，针对这方面的研究仍然需要进一步深入探讨。

第三节　结论与启示

考虑到中国贸易相关的碳排放在总排放中占据很大比例，因此，针对区域贸易相关的碳排放制定合理的政策将有助于实现减排目标。本书基于 MRIO 表，采用一种新的排放核算原则 ERA 原则来分析中国分省（区、市）碳排放责任。ERA 原则基于 CBA 原则进一步考虑贸易双方部门的碳强度差异，分析区域间贸易如何影响碳排放，并根据各地区贸易相关的碳排放变化与全国平均水平之间的差异，确定一套奖励和惩罚体系。本书首先分析 ERA 原则下中国分省（区、市）的碳排放责任及部门碳排放分布，并与其他核算原则进行对比。然后，探讨 ERA 原则下各地区的奖励和惩罚幅度，并进一步从区域间贸易和部门层面分析各地区的奖励和惩罚情况。最后，根据敏感性分析识别出各地区、各部门的关键碳效率提升点，从而为开展区域贸易合作减排政策的制定提供支撑。本书的主要结论如下。

（1）总体而言，在 ERA 原则下发达地区的碳排放最高，欠发达地区的碳排放较低。其中山东的碳排放最大（840 Mt CO_2），其次是江苏（677 Mt CO_2）和广东（611 Mt CO_2）。碳排放最小的省份分别是宁夏、青海和海南，总碳排放为 178 Mt CO_2。其次，从各地区的贸易表现来看，发达地区的贸易相关的碳排放表现比欠发达地区的要好，因为发达地区的区域贸易降低了全国碳排放，而欠发达地区的区域贸易提高了全国碳排放。例如，较发达的 10 个地区的贸易活动使得碳排放降低了 44.4 Mt CO_2，而欠发达的 10 个地区的贸易活动使得碳排放提高了 53.8 Mt CO_2。

（2）在具体的区域双方贸易层面，江苏和河北的贸易相关的碳排放表现最好，获得最大的奖励（8 Mt CO_2），其次是北京和吉林（5 Mt CO_2）。而江苏和广东之间的区域贸易将会因提高排放而受到惩罚（5 Mt CO_2），其次是广东和重庆（2 Mt CO_2）。根据不同地区的贸易引起的碳排放变化，各区域应该合理开展区域间贸易合作。例如，从减排的角度来看，江苏应该提高与河北的区域贸易，而降低与广东的区域贸易。在部门层面，不同地区的部门贸易表现有所不同。具体而言，北京的交通运输设备（s17）部门、科学研究和技术服务（s29）部门的贸易表现较好，分别降低了 8 Mt CO_2 和 4 Mt CO_2 的碳排放。此外，吉林可以提高科学研究和技术服务（s29）部门的贸易，因为它可以明显降低排放（9 Mt CO_2）。江苏应该提高建筑（s24）部门的贸易（8 Mt CO_2）。而湖北和湖南等地区应该降低交通运输设备（s17）部门的贸易，广东应该降低建筑（s24）部门的贸易。

（3）针对各地区、各部门的碳强度降低的敏感性分析显示，当一个地区的所有部门的碳强度降低时，对于较发达地区如北京、上海和江苏而言，这些地区的奖励会提高。而对于依赖重工业地区和欠发达地区而言，如河北和新疆，这些地区的奖励会降低。此外，当一个地区的部门碳强度降低时，贸易双方部门碳强度差异的变化也会对其他地区的奖惩情况产生影响。例如，在 ERA 原则下，北京的部门碳强度降低 10%，将会使辽宁的惩罚提高 5.95%，而使河南的惩罚降低 1.96%。此外，当一个部门所有地区的碳强度降低时，大多数受奖励地区的奖励幅度会提高，受惩罚地区的惩罚幅度会降低。其次，对于同一地区而言，不同部门的碳强度降低，对该地区的排放奖惩情况的影响有所不同。例如，在 ERA 原则下，从提高各地区的奖励来看，北京、上海等地区应提高木材加工品和家具（s9）、建筑（s24）等部门的碳效率，而山西、内蒙古应该提高煤炭采选（s2）、石油和天然气开采（s3）等部门的碳效率。

第四节　本章小结

通过对贸易相关碳排放进行分析，对中国各省（区、市）的排放责任分担提供了新的信息。此外，基于区域间贸易和部门层面的排放差异，能够为各区域通过自身的贸易调整来实现减排提供决策支撑。中国强调区域间的均衡发展，也制定了一系列的政策来指导区域合作。北京与河北、山西、内蒙古、吉林之间的贸易降低了碳排放，这些地区被纳入"京津冀协同发展"和"振兴东北计划"等战略。此外，江苏与新疆、上海与内蒙古之间的贸易，以及广东与贵州、云南、新疆之间的贸易也降低了碳排放，这些地区被纳入"西部大开发"战略。本书的分析结果也从贸易减排的角度支撑了这些战略。

基于消费侧的核算原则未能就贸易相关的碳排放提供减排激励，而在ERA 原则下，这部分减排可以为这些地区的贸易减排提供直接的激励作用，因此，更能鼓励这些地区间开展贸易合作减排措施，这样既有利于促进区域协同发展，也能实现减排目标，并且在合理的核算体系下，减排量也会随着贸易量的增加而提高。同时提前转变为更清洁贸易结构的地区将会获得较大的减排奖励，更有效地实现减排目标。

　　本书也存在一些不足之处。首先，本书主要考虑最终产品的贸易对碳排放的影响，并未包含对中间产品贸易的分析。中间产品的贸易也会对碳排放产生影响，例如，如果一个地区完全自己生产所需要的中间产品，而非从其他地区购买中间产品，则相应的碳排放也会存在差异。然而，对中间产品的贸易的分析远比最终产品的贸易复杂，因为中间产品在最终被消费者使用之前，可能会多次跨省（区、市）或跨国界。如何计算中间产品贸易的跨界频率，以及空间生产的碎片化如何影响区域间的贸易和碳排放值得未来进一步分析。其次，贸易相关碳排放的计算受到投入产出表和排放因子的不确定性影响，并且，不同的部门划分方式和加总对结果也会产生影响。未来可以考虑采用不同的中国多区域投入产出表、不同的部门划分方式等来讨论结果的不确定性。最后，本书使用的是 2012 年多区域投入产出表。中国投入产出表一般每五年（逢 2 和逢 7 的年份）发布一次，属于原始表，具体数据由统计而来，在中间年份（逢 0 和逢 5 的年份）发表延长表，即在原始表基础上进行稍微调整，没有进行全面统计。未来本书将进一步对比分析不同时期区域贸易结构变化对碳排放的影响。

结　语　全书总结与展望

第一节　主要工作与结论

二氧化碳等温室气体排放引起的气候变化问题是当前人类面临的重大环境挑战。降低温室气体排放以保证 21 世纪末全球平均气温相较于工业化前期升幅低于 2℃ 并争取实现 1.5℃ 是各国在《巴黎协定》中所达成的气候治理新目标，也是应对气候变化、避免造成灾难性风险的关键决策。考虑到碳排放及气候变化问题作为典型的全球公共物品的特质，实现有效的碳减排需要各国、各地区采取强有力的减排合作。然而，要实现深度减排合作面临一系列问题，例如，如果出现部分地区不合作行为应该如何应对，具体合作时应该采取何种措施，以及评估不同合作方式对主要地区的经济和能源环境的影响等。除了全球层面的综合分析外，中国作为一个多区域的碳排放大国，各区域的经济发展水平和减排能力不均衡，探讨减排政策对各区域的社会经济影响对于设计切实可行的区域减排合作措施至关重要，同时合理地分配各区域的减排责任是促进减排合作的重要基础，有效地解决这些问题是保证减排合作顺利开展和有效实施的关键因素。

因此，本书面向减缓气候变化的重大战略需求以及气候减排合作建模研究的国际前沿，围绕应对气候变化的合作机制建模方法及其应用开展研究。针对减排责任的合理分担及有效实现这两大关键科学问题，从复杂系统理论出发，采用可计算一般均衡分析模型、最优化模型、投入产出分析等方法，在全球各区域和中国各省（区、市）层面分别建立相应的综合模型，针对全球各区域在责任分担方式既定的情况下，如何尽可能地提高减排参与度和减排的成本有效性；以及中国各省（区、市）间如何制定减排合作机制来提高总体减排效率和促进各区域减排责任的合理分配等问题进行探讨，并给出相应的对策建议。本书主要完成了以下五项工作。

（1）在统一的全局经济框架下综合对比了边境碳调整和统一关税措施对于促进美国参与减排合作的影响，并且细分了基于税收收入和基于碳减排的统一关税调整方式。结果表明，边境碳调整措施在减少美国碳泄漏方面比统一关税措施更有效。然而就 GDP 和福利损失而言，相比于边境碳调整措施，基于碳减排量的统一关税措施将导致美国的 GDP 和福利损失更大，从而更有利于促使美国实施减排政策。此外，进一步探讨了促使美国参与减排合作的关税提高水平，以及美国若采取对立的报复性关税对于全球各区域的经济影响。结果显示美国实施报复性关税将使大多数区域的 GDP 损失进一步加大，这也是使用关税措施面临的潜在风险，决策者在使用关税措施时应该关注这些潜在的不利影响。最后，针对碳价水平和关键替代弹性参数的敏感性分析进一步证实了上述结论。

（2）评估了在碳中和目标下开展全球跨区域碳市场合作对于实现减排目标的成本有效性，并通过详细设计包含碳市场不合作、主要排放地区合作、碳市场完全合作等不同政策情景来更全面地分析碳市场合作对经济社会、能源和环境的影响。结果表明，全球碳市场合作可以有效地减小全球 GDP 损失，但对于各区域的 GDP 影响存在差异。碳市场合作将使得欧盟、美国和日本等地区的 GDP 损失减小，而使得东欧独联体和亚洲其他地区的 GDP 损失加大。对于中国而言，近期的碳市场合作使得 GDP 损失加大，而远期的碳市场合作则使得 GDP 损失减小。此外，与不合作相比，参与碳市场合作使得欧盟、日本和中国的政府收入损失减小，但是加大了东欧独联体、印度和俄罗斯的政府收入损失。在全球碳市场合作情景下，欧盟和美国等地区是碳配额的购买地区，而中东和非洲以及亚洲其他国家是主要的碳配额出售地区。出售碳配额的地区由于提高了局部地区污染物减排水平从而获得减碳降污的协同收益，反之亦然。其中，获得最大协同收益增量的地区是中东和非洲以及拉丁美洲，而欧盟和日本是协同收益减量最大的地区。

（3）通过引入能源要素扩展了传统的 RICE 建模框架，自主构建了 RICE-China 模型，实现了对不同种类能源需求的细致刻画，并应用模型揭示了温控目标约束下全球各区域间不同合作方式对于中国经济和能源需求的影响。结果表明，在不同的合作减排情景下实现相同的 2℃ 温升控制目标时，各区域的碳减排责任有很大差异。在等权重合作减排情景下，中国和美国承担更多的减排责任，其中中国的碳排放 2100 年将降低 94.4%。而在林达尔权重合作减排情景下，中国的减排责任将会有所降低。而对于世界其他地区而言，在林达尔权重合作减排情景下减排责任提高，2100 年其碳排放比等权重合作减排情景下降低 91%。其次，在不同的合作情景下中国的能源需求有很大差异。在等权重合作减排情景下中国承担更多的减排责任，此时中国的减排将倒逼化石能源的需求下降，非化石能源的需求快速提高。而在林达尔权重合作减排情景下，中国对于化石能源需求的降低幅度有所收窄。但是无论在何种合作情景下，实现 2℃ 温控目标都要求中国大幅度降低对化石能源的需求，提高对非化石能源的需求。最后，针对气候损失的不确定性分析表明，随着气候损失的不断加大，中国的非化石能源需求将提高，而化石能源的需求逐步降低。这说明关于气候损失的不确定性估计将对能源需求分析产生较大影响，模型不考虑气候损失将在一定程度上低估非化石能源的发展。

（4）基于中国多区域投入产出模型，从生产侧排放和消费侧排放两方面考察了碳税政策实施对中国各省（区、市）的税负和部门竞争力的影响，弥补了现有研究仅单方面评估碳税影响的不足，并结合国家主要的区域发展战略，探讨中国省（区、市）间的联合履约机制，就各区域间可行的减排合作方式给出了具体建议。结果表明，如果将碳税收入用于降低生产税，则北京、上海、浙江、江苏等发达地区是碳税的净受益者。相比之下，如果将税收收入一次性返还给低收入居民，则将使得中部和西部地区的欠发达省份成为碳税净受益者。此外，从部门的竞争力影响来看，无论在生产侧还是消费侧排放原则下，各省份的碳排放密集型行业，如电力、热水的生产和供应以及金属制品等部门基本上会受到严重影响。然而，相比于生产侧原则，基于消费侧原则实施的碳税政策可以降低欠发达省份受影响较严重部门的不利竞争力影响，而发达省份的部门竞争力影响则略有提升。最后，基于现有或潜在的区域间密切贸易联系，给出了区域间实施联合履约的主要选项，包括财政资助和技术转让等措施。

（5）改进了传统的多区域投入产出模型使之能够考虑中国省（区、市）间贸易部门的技术异质性，重新核算了中国分省（区、市）的贸易相关碳排放，建立了一套省（区、市）间贸易排放相关的奖惩机制，并识别出不同地区和不同部门碳效率提高的关键点。结果表明，发达地区的贸易表现优于欠发达地区，因为发达地区的贸易降低了碳排放量（44 Mt CO_2），而欠发达地区的贸易则提高了碳排放（54 Mt CO_2）。从区域双边贸易来看，江苏与河北之间的贸易获得的奖励最多（8 Mt CO_2），而江苏与广东之间的贸易受到的惩罚最大（5 Mt CO_2）。其次，通过敏感性分析确定了不同地区和不同部门的关键碳效率提高点。具体来说，当一个地区所有部门的碳强度降低时，对于较发达地区，如北京、上海和江苏而言，这些地区的奖励会提高。而对于依赖重工业地区和欠发达地区而言，如河北和新疆，这些地区的奖励会降低。其次，对于同一地区而言，不同部门的碳强度降低对该地区的排放奖惩情况影响有所不同。例如，根据新的排放责任分配原则，北京应该提高木材加工品和家具、建筑等部门的碳效率，而山西应该提高煤炭采选、石油和天然气开采等部门的碳效率。最后，根据不同地区间贸易引起的碳排放变化，各区域应该合理地开展贸易合作。例如，从减排的角度来看，江苏应该提高与河北之间的区域贸易，而降低与广东之间的区域贸易。

第二节　主要创新点

各区域间实施合作减排策略是有效应对气候变化的重要措施，也是学术界的研究热点。针对气候减排合作的模拟和评估研究能够为相关政策的制定提供依据，具有重要的学术和现实意义。本书通过上述研究工作，取得了以下主要创新点。

（1）实现了在统一的框架下评估边境碳调整和基于两种不同原则设置的统一关税措施对于应对减排不合作行为的影响。通过对比不同政策实施对各地区的碳排放以及社会经济影响，针对提高减排参与度和成本有效性给出对策建议。

（2）在全球可计算一般均衡模型中引入了对碳中和目标及其影响的量化模拟，实现了开展跨区域碳市场合作的量化分析，着重探讨了不同碳市场合作情景对于各地区边际减排成本、GDP 和政府收入的影响，以及相应的能源需求和碳排放变化，揭示了碳市场合作对于实现减碳降污的协同收益和成本影响。

（3）提出并构建了包含不同种类能源要素的气候变化综合评估模型 RICE-China 模型，细化了中国的能源建模结构，并基于该模型揭示了温控目标约束下全球各区域间不同合作方式对中国经济和能源需求的影响。

（4）实现了从生产侧排放和消费侧排放两种原则出发，分析中国实施碳税政策对于各省（区、市）的税负和短期部门竞争力影响，并根据中国主要区域发展战略，提出了中国各省（区、市）间具有针对性的合作减排机制。

（5）针对消费侧的碳排放核算原则未能就与贸易相关的减排政策提供适当的激励问题，改进了传统的多区域投入产出模型，使之考虑了中国不同省（区、市）间贸易部门的生产技术异质性，探讨了省（区、市）间贸易对碳排放的影响以及建立了贸易排放相关的奖励和惩罚机制，并识别出不同地区和部门的关键碳效率提高点，为各地区从贸易角度制定有效的合作减排政策提供支撑。

第三节 研究不足与展望

关于气候减排合作机制建模及其影响评估的工作是一项十分复杂的科学问题，同时涉及社会、经济、管理、公共政策、谈判博弈等多方面，设计一套切实可行、行之有效的减排合作机制将在很大程度上促进全球和中国碳减排目标的实现。本书尝试从全球各区域和中国各省（区、市）层面出发，对合作减排涉及的相关问题进行分析，开展了具体的研究工作，但仍存在一些不完善的地方值得进一步探讨。

（1）在关于如何应对减排不合作行为方面，本书主要讨论了边境碳调整和统一关税措施两种不同的应对策略。然而，现有研究主要聚焦静态分析，没有考虑不同政策措施实施的动态影响，也可以进一步探讨实施混合政策措施的影响。促使非减排地区参与减排合作联盟中以及保证气候减排协议的稳定性一直都是国际气候谈判的重要问题。设计合理且可行的应对非合作行为的机制是保证减排政策有效性和实现减排目标的重要影响因素，本书仅是针对这个问题的初步研究，未来需要进一步地深入探讨，为保证温控目标的顺利实现提供决策支持。

（2）在分析全球碳市场合作实现碳中和目标的研究中，本书假设各地区的碳配额以完全拍卖的形式分配，并且假设碳配额在各区域间充分流动。实际上，在设计碳交易合作的具体机制上，关于初始碳配额的分配、碳配额是否完全交易以及碳配额的跨期流动等都是十分复杂且重要的问题，也涉及碳减排目标能否有效实现。一般而言，碳配额的分配形式包括免费发放和拍卖，并且碳配额分配的原则也包括基于排放责任、减排能力等多种原则，不同的分配原则将会对结果产生不同的影响。同时碳配额的可流动性和跨期流动也决定了各交易主体能够以最低的成本来实现减排目标。因此，未来可以进一步探讨不同的碳配额分配方式、碳配额的可流动性以及跨期流动对于通过开展碳交易合作实现减排目标的影响。

（3）在自主构建的气候变化综合评估模型 RICE-China 模型中，本书仅聚焦中国，细化了其经济模块中的能源建模结构，分析不同合作方式对中国能源需求的影响。对于其他地区而言仍保留原始的建模结构。由于各地区未来的能源需求变化是应对气候变化的重要影响因素，因此将能源结构细化进一步扩展到其他区域，有助于分析不同合作方式对于全球未来能源需求以及能源转型的影响。此外，可以进一步考虑不同的非化石能源结构，例如风电、水电以及核电等。未来将继续针对这些问题进行改进，更好地完善现有研究。

（4）在针对中国多区域的减排合作分析中，本书探讨了基于不同排放核算原则的碳税政策的影响，并尝试更合理地量化各区域的排放责任，提出了相应的区域合作减排策略。然而，关于不同减排合作措施的实施效果仍有待进一步研究。例如，探讨中国省（区、市）间实施联合履约机制与否以及不同的减排合作机制设计对于各区域减排效果和社会经济影响的差异。在未来随着进一步构建完善中国多区域可计算一般均衡模型，可以分析中国实施区域碳市场合作对于实现碳减排目标的影响，通过考察这些不同的区域间合作方式对于各区域的经济和能源环境的影响，为决策者提供更详细的政策建议。

参考文献

Aguiar, A. , Narayanan, B. , McDougall, R. , 2016. An Overview of the GTAP 9 Data Base. *Journal of Global Economic Analysis* 1 (1), 181-208.

Aldy, J. E. , Barrett, S. , Stavins, R. N. , 2003. Thirteen Plus One: A Comparison of Global Climate Policy Architectures. *Climate Policy* 3 (4), 373-397.

Anderson, S. T. , Marinescu, I. , Shor, B. , 2019. Can Pigou at the Polls Stop Us Melting the Poles? National Bureau of Economic Research.

Asheim, G. B. , Froyn, C. B. , Hovi, J. , Menz, F. C. , 2006. Regional versus Global Cooperation for Climate Control. *Journal of Environmental Economics and Management* 51 (1), 93-109.

Böhringer, C. , Carbone, J. C. , Rutherford, T. F. , 2016. The Strategic Value of Carbon Tariffs. *American Economic Journal: Economic Policy* 8 (1), 28-51.

Böhringer, C. , Fischer, C. , Rosendahl, K. E. , 2014. Cost-effective Unilateral Climate Policy Design: Size Matters. *Journal of Environmental Economics and Management* 67 (3), 318-339.

Bahn, O. , Breton, M. , Sbragia, L. , Zaccour, G. , 2009. Stability of International Environmental Agreements: An Illustration with Asymmetrical Countries. *International Transactions in Operational Research* 16 (3),

307-324.

Barrage, L. , Nordhaus, W. D. , 2023. Policies, Projections, and the Social Cost of Carbon: Results from the DICE-2023 Model. National Bureau of Economic Research.

Barrett, J. , Peters, G. , Wiedmann, T. , Scott, K. , Lenzen, M. , Roelich, K. , Le Quéré, C. , 2013. Consumption-based GHG Emission Accounting: A UK Case Study. *Climate Policy* 13 (4), 451-470.

Barrett, S. , 1994. Self-enforcing International Environmental Agreements. *Oxford Economic Papers*, 878-894.

Barrett, S. , 2016. Coordination vs. Voluntarism and Enforcement in Sustaining International Environmental Cooperation. *Proceedings of the National Academy of Sciences* 113 (51), 14515-14522.

Bauer, N. , Mouratiadou, I. , Luderer, G. , Baumstark, L. , Brecha, R. J. , Edenhofer, O. , Kriegler, E. , 2016. Global Fossil Energy Markets and Climate Change Mitigation—An Analysis with REMIND. *Climatic Change* 136 (1), 69-82.

Bertram, C. , Luderer, G. , Pietzcker, R. C. , Schmid, E. , Kriegler, E. , Edenhofer, O. , 2015. Complementing Carbon Prices with Technology Policies to Keep Climate Targets within Reach. *Nature Climate Change* 5 (3), 235-239.

BP, 2018. Statistical Review of World Energy [EB/OL] . https: //www. bp. com/en/global/corporate/energy-economics/statistical-review-of-world-energy. html.

Branger, F. , Quirion, P. , 2014. Would Border Carbon Adjustments Prevent Carbon Leakage and Heavy Industry Competitiveness Losses? Insights from A Meta-analysis of Recent Economic Studies. *Ecological Economics* 99, 29-39.

Buchholz, W., Haupt, A., Peters, W., 2016. Equity as A Prerequisite for Stability of Cooperation on Global Public Good Provision. *Environmental and Resource Economics* 65 (1), 61-78.

Burke, M., Hsiang, S. M., Miguel, E., 2015. Global Non-linear Effect of Temperature on Economic Production. *Nature* 527 (7577), 235-239.

Carraro, C., Siniscalco, D., 1993. Strategies for the International Protection of the Environment. *Journal of Public Economics* 52 (3), 309-328.

CDIAC, 2019. Fossil-Fuel CO_2 Emissions [EB/OL]. https://cdiac.ess-dive.lbl.gov/trends/emis/meth_reg.html.

Chander, P., Tulkens, H., 1995. A Core-theoretic Solution for the Design of Cooperative Agreements on Transfrontier Pollution. *International Tax and Public Finance* 2 (2), 279-293.

Chen, Z.-M., Ohshita, S., Lenzen, M., Wiedmann, T., Jiborn, M., Chen, B., Lester, L., Guan, D., Meng, J., Xu, S., 2018. Consumption-based Greenhouse Gas Emissions Accounting with Capital Stock Change Highlights Dynamics of Fast-developing Countries. *Nature Communications* 9 (1), 1-9.

Chen, Z., Chen, G., 2011. Embodied Carbon Dioxide Emission at Supra-national Scale: A Coalition Analysis for G7, BRIC, and the Rest of the World. *Energy Policy* 39 (5), 2899-2909.

Cseh, A., 2019. Aligning Climate Action with the Self-interest and Short-term Dominated Priorities of Decision-makers. *Climate Policy* 19 (2), 139-146.

De Cian, E., Bosetti, V., Tavoni, M., 2012. Technology Innovation and Diffusion in "Less than Ideal" Climate Policies: An

Assessment with the WITCH Model. *Climatic Change* 114 (1), 121-143.

Dellink, R., Dekker, T., Ketterer, J., 2013. The Fatter the Tail, the Fatter the Climate Agreement. *Environmental and Resource Economics* 56 (2), 277-305.

Dellink, R., Finus, M., Olieman, N., 2008. The Stability Likelihood of An International Climate Agreement. *Environmental and Resource Economics* 39 (4), 357-377.

Deng, G., Ma, Y., Li, X., 2016. Regional Water Footprint Evaluation and Trend Analysis of China—based on Interregional Input-output Model. *Journal of Cleaner Production* 112, 4674-4682.

Dietz, T., Zhao, J., 2011. Paths to Climate Cooperation. *Proceedings of the National Academy of Sciences* 108 (38), 15671-15672.

Dietzenbacher, E., Cazcarro, I., Arto, I., 2020. Towards a More Effective Climate Policy on International Trade. *Nature Communications* 11 (1), 1-11.

Dowling, P., 2013. The Impact of Climate Change on the European Energy System. *Energy Policy* 60, 406-417.

Edenhofer, O., 2014. *Climate Change 2014: Mitigation of Climate Change. Contribution of Working Group III to the Fifth Assessment Report of the Intergovernmental Panel on Climate Change.* Cambridge University Press.

Eichner, T., Pethig, R., 2017. Self-enforcing Environmental Agreements and Trade in Fossil Energy Deposits. *Journal of Environmental Economics and Management* 85, 1-20.

Elliott, J., Foster, I., Kortum, S., Munson, T., Perez Cervantes, F., Weisbach, D., 2010. Trade and Carbon Taxes. *American Economic Review* 100 (2), 465-469.

Feng, K. , Davis, S. J. , Sun, L. , Li, X. , Guan, D. , Liu, W. , Liu, Z. , Hubacek, K. , 2013. Outsourcing CO_2 within China. *Proceedings of the National Academy of Sciences* 110 (28), 11654-11659.

Feng, K. , Hubacek, K. , Guan, D. , Contestabile, M. , Minx, J. , Barrett, J. , 2010. Distributional Effects of Climate Change Taxation: the Case of the UK. ACS Publications.

Feng, K. , Siu, Y. L. , Guan, D. , Hubacek, K. , 2012. Assessing Regional Virtual Water Flows and Water Footprints in the Yellow River Basin, China: A Consumption based Approach. *Applied Geography* 32 (2), 691-701.

Feng, T. , Du, H. , Zhang, Z. , Mi, Z. , Guan, D. , Zuo, J. , 2020. Carbon transfer within China: Insights from Production Fragmentation. *Energy Economics* 86, 104647.

Freire-González, J. , 2018. Environmental Taxation and the Double Dividend Hypothesis in CGE Modelling literature: A Critical Review. *Journal of Policy Modeling* 40 (1), 194-223.

Fricko, O. , Havlik, P. , Rogelj, J. , Klimont, Z. , Gusti, M. , Johnson, N. , Kolp, P. , Strubegger, M. , Valin, H. , Amann, M. , 2017. The Marker Quantification of the Shared Socioeconomic Pathway 2: A Middle-of-the-road Scenario for the 21st Century. *Global Environmental Change* 42, 251-267.

Fujimori, S. , Kubota, I. , Dai, H. , Takahashi, K. , Hasegawa, T. , Liu, J. -Y. , Hijioka, Y. , Masui, T. , Takimi, M. , 2016. Will International Emissions Trading Help Achieve the Objectives of the Paris Agreement? *Environmental Research Letters* 11 (10), 104001.

Fujimori, S. , Oshiro, K. , Shiraki, H. , Hasegawa, T. , 2019. Energy Transformation Cost for the Japanese Mid-century Strategy. *Nature*

Communications 10（1），1-11.

GAINS, 2018. GAINS Online：Greenhouse Gas-Air Pollution Interactions and Synergies［EB/OL］. https：//gains. iiasa. ac. at/models/.

Gavard, C. , Winchester, N. , Paltsev, S. , 2016. Limited Trading of Emissions Permits as A Climate Cooperation Mechanism? US-China and EU-China Examples. *Energy Economics* 58, 95-104.

Glänzel, W. , Moed, H. F. , 2002. Journal Impact Measures in Bibliometric Research. *Scientometrics* 53（2），171-193.

Golombek, R. , Hoel, M. , 2011. International Cooperation on Climatefriendly Technologies. *Environmental and Resource Economics* 49（4），473-490.

Goulder, L. H. , Schein, A. R. , 2013. Carbon Taxes versus Cap and Trade：A Critical Review. *Climate Change Economics* 4（03），1350010.

Green, F. , Stern, N. , 2017. China's Changing Economy：Implications for Its Carbon Dioxide Emissions. *Climate Policy* 17（4），423-442.

Grubb, M. , Sha, F. , Spencer, T. , Hughes, N. , Zhang, Z. , Agnolucci, P. , 2015. A Review of Chinese CO_2 Emission Projections to 2030：the Role of Economic Structure and Policy. *Climate Policy* 15（sup1），S7-S39.

Guan, D. , Hubacek, K. , 2007. Assessment of Regional Trade and Virtual Water Flows in China. *Ecological Economics* 61（1），159-170.

Heitzig, J. , Lessmann, K. , Zou, Y. , 2011. Self-enforcing Strategies to Deter Free-riding in the Climate Change Mitigation Game and Other Repeated Public Good Games. *Proceedings of the National Academy of Sciences* 108（38），15739-15744.

Helm, C. , Schmidt, R. C. , 2015. Climate Cooperation with Technology Investments and Border Carbon Adjustment. *European Economic*

Review 75, 112-130.

Hertwich, E. G., Peters, G. P., 2009. Carbon Footprint of Nations: A Global, Trade-linked Analysis. *Environmental Science & Technology* 43 (16), 6414-6420.

Heugues, M., 2014. International Environmental Cooperation: A New Eye on the Greenhouse Gas Emissions' Control. *Annals of Operations Research* 220 (1), 239-262.

Hirsch, J. E., 2005. An Index to Quantify An Individual's Scientific Research Output. *Proceedings of the National Academy of Sciences* 102 (46), 16569-16572.

Hoel, M., 1992. International Environment Conventions: the Case of Uniform Reductions of Emissions. *Environmental and Resource Economics* 2 (2), 141-159.

Hsiang, S. M., Burke, M., Miguel, E., 2013. Quantifying the Influence of Climate on Human Conflict. *Science* 341 (6151), 1235367.

Hubacek, K., Sun, L., 2001. A Scenario Analysis of China's Land Use and Land Cover Change: Incorporating Biophysical Information into Input-output Modeling. *Structural Change and Economic Dynamics* 12 (4), 367-397.

IEA, 2013. World Energy Balances. https://www.iea.org/data-and-statistics/data-tables? country=WORLD&energy=Balances&year=2013.

IMF, 2017. Investment and Capital Stock Dataset, 1996-2015.

Jacoby, H. D., Reilly, J. M., McFarland, J. R., Paltsev, S., 2006. Technology and Technical Change in the MIT EPPA Model. *Energy Economics* 28 (5), 610-631.

Jakob, M., Marschinski, R., 2013. Interpreting Trade-related CO_2 Emission Transfers. *Nature Climate Change* 3 (1), 19-23.

Jiang, Z. , Shao, S. , 2014. Distributional Effects of A Carbon Tax on Chinese Households: A Case of Shanghai. *Energy Policy* 73, 269-277.

Jin, Y. , Liu, X. , Chen, X. , Dai, H. , 2020. Allowance Allocation Matters in China's Carbon Emissions Trading System. *Energy Economics* 92, 105012.

Kander, A. , Jiborn, M. , Moran, D. D. , Wiedmann, T. O. , 2015. National Greenhouse-gas Accounting for Effective Climate Policy on International Trade. *Nature Climate Change* 5 (5), 431-435.

Keohane, R. O. , Victor, D. G. , 2011. The Regime Complex for Climate Change. *Perspectives on Politics*, 7-23.

Kriegler, E. , O'Neill, B. C. , Hallegatte, S. , Kram, T. , Lempert, R. J. , Moss, R. H. , Wilbanks, T. , 2012. The Need for and Use of Socio-economic Scenarios for Climate Change Analysis: A New Approach based on Shared Socio-economic Pathways. *Global Environmental Change* 22 (4), 807-822.

Lange, A. , Vogt, C. , Ziegler, A. , 2007. On the importance of Equity in International Climate Policy: An Empirical Analysis. *Energy Economics* 29 (3), 545-562.

Lessmann, K. , Edenhofer, O. , 2011. Research Cooperation and International Standards in A Model of Coalition Stability. *Resource and Energy Economics* 33 (1), 36-54.

Li, M. , Weng, Y. , Duan, M. , 2019. Emissions, Energy and Economic Impacts of Linking China's National ETS with the EU ETS. *Applied Energy* 235, 1235-1244.

Liang, Q. -M. , Fan, Y. , Wei, Y. -M. , 2007a. Carbon Taxation Policy in China: How to Protect Energy-and Trade-intensive Sectors? *Journal of Policy Modeling* 29 (2), 311-333.

Liang, Q. -M. , Fan, Y. , Wei, Y. -M. , 2007b. Multi-regional Input-output Model for Regional Energy Requirements and CO$_2$ Emissions in China. *Energy Policy* 35 （3）, 1685-1700.

Liang, Q. -M. , Wang, T. , Xue, M. -M. , 2016. Addressing the Competitiveness Effects of Taxing Carbon in China: Domestic Tax Cuts versus Border Tax Adjustments. *Journal of Cleaner Production* 112, 1568-1581.

Liang, Q. -M. , Wei, Y. -M. , 2012. Distributional Impacts of Taxing Carbon in China: Results from the CEEPA Model. *Applied Energy* 92, 545-551.

Liang, Q. -M. , Yao, Y. -F. , Zhao, L. -T. , Wang, C. , Yang, R. -G. , Wei, Y. -M. , 2014. Platform for China Energy & Environmental Policy Analysis: A General Design and Its Application. *Environmental Modelling & Software* 51, 195-206.

Liu, H. , Liu, W. , Fan, X. , Zou, W. , 2015. Carbon Emissions Embodied in Demand - supply Chains in China. *Energy Economics* 50, 294-305.

Liu, L. -C. , Liang, Q. -M. , Wang, Q. , 2015. Accounting for China's Regional Carbon Emissions in 2002 and 2007: Production-based versus Consumption-based Principles. *Journal of Cleaner Production* 103, 384-392.

Liu, L. -C. , Wang, J. -N. , Wu, G. , Wei, Y. -M. , 2010. China's Regional Carbon Emissions Change over 1997-2007. *International Journal of Energy and Environment* 1 （1）, 161-176.

Liu, L. -J. , Creutzig, F. , Yao, Y. -F. , Wei, Y. -M. , Liang, Q. -M. , 2020. Environmental and Economic Impacts of Trade Barriers: The Example of China-US Trade Friction. *Resource and Energy Economics* 59, 101144.

Liu, W. , McKibbin, W. J. , Morris, A. C. , Wilcoxen, P. J. , 2020. Global Economic and Environmental Outcomes of the Paris Agreement. *Energy Economics* 90, 104838.

Liu, Z. , Guan, D. , Wei, W. , Davis, S. J. , Ciais, P. , Bai, J. , Peng, S. , Zhang, Q. , Hubacek, K. , Marland, G. , 2015. Reduced Carbon Emission Estimates from Fossil Fuel Combustion and Cement Production in China. *Nature* 524 (7565), 335-338.

Mankiw, N. G. , 2007. One Answer to Global Warming: A New Tax. *New York Times 16*.

Mankiw, N. G. , 2009. Smart Taxes: An Open Invitation to Join the Pigou Club. *Eastern Economic Journal* 35 (1), 14-23.

McKibbin, W. J. , Morris, A. C. , Wilcoxen, P. J. , Liu, W. , 2018. The Role of Border Carbon Adjustments in A US Carbon Tax. *Climate Change Economics* 9 (1), 1840011.

Mehling, M. A. , Metcalf, G. E. , Stavins, R. N. , 2018. Linking Climate Policies to Advance Global Mitigation. *Science* 359 (6379), 997-998.

Mehling, M. A. , van Asselt, H. , Das, K. , Droege, S. , Verkuijl, C. , 2019. Designing Border Carbon Adjustments for Enhanced Climate Action. *American Journal of International Law* 113 (3), 433-481.

Meng, J. , Mi, Z. , Guan, D. , Li, J. , Tao, S. , Li, Y. , Feng, K. , Liu, J. , Liu, Z. , Wang, X. , 2018a. The Rise of South-South Trade and Its Effect on Global CO_2 Emissions. *Nature Communications* 9 (1), 1-7.

Meng, J. , Zhang, Z. , Mi, Z. , Anadon, L. D. , Zheng, H. , Zhang, B. , Shan, Y. , Guan, D. , 2018b. The Role of Intermediate Trade in the Change of Carbon Flows within China. *Energy Economics* 76, 303-312.

Messner, S. , Schrattenholzer, L. , 2000. Message-Macro: Linking An Energy Supply Model with A Macroeconomic Module and Solving It Iteratively. *Energy* 25 (3), 267−282.

Mi, Z. , Liao, H. , Coffman, D. M. , Wei, Y. -M. , 2019. Assessment of Equity Principles for International Climate Policy based on An Integrated Assessment Model. *Natural Hazards* 95 (1), 309−323.

Mi, Z. , Meng, J. , Guan, D. , Shan, Y. , Liu, Z. , Wang, Y. , Feng, K. , Wei, Y. -M. , 2017a. Pattern Changes in Determinants of Chinese Emissions. *Environmental Research Letters* 12 (7), 074003.

Mi, Z. , Meng, J. , Guan, D. , Shan, Y. , Song, M. , Wei, Y. -M. , Liu, Z. , Hubacek, K. , 2017b. Chinese CO_2 Emission Flows have Reversed since the Global Financial Crisis. *Nature Communications* 8 (1), 1−10.

Minx, J. C. , Wiedmann, T. , Wood, R. , Peters, G. P. , Lenzen, M. , Owen, A. , Scott, K. , Barrett, J. , Hubacek, K. , Baiocchi, G. , 2009. Input-output Analysis and Carbon Footprinting: An Overview of Applications. *Economic Systems Research* 21 (3), 187−216.

NASA, 2021. Global Land-ocean Temperature Index, NASA's Goddard Institute for Space Studies (GISS).

Nguyen, D. H. , Chapman, A. , Farabi-Asl, H. , 2019. Nation-wide Emission Trading Model for Economically Feasible Carbon Reduction in Japan. *Applied Energy* 255, 113869.

Nordhaus, W. , 2013. The Climate Casino: Risk, Uncertainty, and Economics for A Warming World. Yale University Press.

Nordhaus, W. , 2015. Climate Clubs: Overcoming Free-riding in International Climate Policy. *American Economic Review* 105 (4), 1339−1370.

Nordhaus, W., 2018. Evolution of Modeling of the Economics of Global Warming: Changes in the DICE Model, 1992 - 2017. *Climatic Change* 148 (4), 623-640.

Nordhaus, W. D., 2007. To Tax or not to Tax: Alternative Approaches to Slowing Global Warming. *Review of Environmental Economics and Policy* 1 (1), 26-44.

Nordhaus, W. D., 2010. Economic Aspects of Global Warming in A Post-Copenhagen Environment. *Proceedings of the National Academy of Sciences* 107 (26), 11721-11726.

Nordhaus, W. D., 2011. Estimates of the Social Cost of Carbon: Background and Results from the RICE - 2011 Model. National Bureau of Economic Research.

Nordhaus, W. D., 2017. Integrated Assessment Models of Climate Change. *NBER Reporter* (3), 16-20.

Nordhaus, W. D., Boyer, J., 2000. Warming the World: Economic Models of Global Warming. MIT press.

Nordhaus, W. D., Moffat, A., 2017. A Survey of Global Impacts of Climate Change: Replication, Survey Methods, and a Statistical Analysis. *NBER Working Paper* (w23646).

Nordhaus, W. D., Yang, Z., 1996. A Regional Dynamic General-equilibrium Model of Alternative Climate-change Strategies. *The American Economic Review*, 741-765.

Nyborg, K., 2018. Reciprocal Climate Negotiators. *Journal of Environmental Economics and Management* 92, 707-725.

Ockwell, D., Sagar, A., de Coninck, H., 2015. Collaborative Research and Development (R&D) for Climate Technology Transfer and Uptake in Developing Countries: towards A Needs-driven Approach.

Climatic Change 131 （3）, 401-415.

Oliveira, T. D. , Gurgel, A. C. , Tonry, S. , 2020. The Effects of A Linked Carbon Emissions Trading Scheme for Latin America. *Climate Policy* 20 （1）, 1-17.

Pan, C. , Peters, G. P. , Andrew, R. M. , Korsbakken, J. I. , Li, S. , Zhou, P. , Zhou, D. , 2018. Structural Changes in Provincial Emission Transfers within China. *Environmental Science & Technology* 52 （22）, 12958-12967.

Pan, X. , Chen, W. , Zhou, S. , Wang, L. , Dai, J. , Zhang, Q. , Zheng, X. , Wang, H. , 2020. Implications of Near-term Mitigation on China's Long-term Energy Transitions for Aligning with the Paris Goals. *Energy Economics* 90, 104865.

Paroussos, L. , Mandel, A. , Fragkiadakis, K. , Fragkos, P. , Hinkel, J. , Vrontisi, Z. , 2019. Climate Clubs and the Macro-economic Benefits of International Cooperation on Climate Policy. *Nature Climate Change* 9 （7）, 542-546.

Persson, O. , Danell, R. , Schneider, J. W. , 2009. How to Use Bibexcel for Various Types of Bibliometric Analysis. *Celebrating Scholarly Communication Studies*：*A Festschrift for Olle Persson at His 60th Birthday* 5, 9-24.

Peters, G. P. , 2008. From Production-based to Consumption-based National Emission Inventories. *Ecological Economics* 65 （1）, 13-23.

Peters, G. P. , Hertwich, E. G. , 2008. CO_2 Embodied in International Trade With Implications for Global Climate Policy. *Environmental Science & Technology* 42 （5）, 1401-1407.

Peters, G. P. , Minx, J. C. , Weber, C. L. , Edenhofer, O. , 2011. Growth in Emission Transfers via International Trade from 1990 to 2008.

Proceedings of the National Academy of Sciences 108 （21）, 8903–8908.

Rennkamp, B., Boyd, A., 2015. Technological Capability and Transfer for Achieving South Africa's Development Goals. *Climate Policy* 15 （1）, 12–29.

Rogelj, J., Den Elzen, M., Höhne, N., Fransen, T., Fekete, H., Winkler, H., Schaeffer, R., Sha, F., Riahi, K., Meinshausen, M., 2016. Paris Agreement Climate Proposals Need A Boost to Keep Warming Well below 2°C. *Nature* 534 （7609）, 631–639.

Rogelj, J., Luderer, G., Pietzcker, R. C., Kriegler, E., Schaeffer, M., Krey, V., Riahi, K., 2015. Energy System Transformations for Limiting End-of-century Warming to below 1.5℃. *Nature Climate Change* 5 （6）, 519–527.

Salvo, G., Simas, M. S., Pacca, S. A., Guilhoto, J. J., Tomas, A. R., Abramovay, R., 2015. Estimating the Human Appropriation of Land in Brazil by Means of An Input–Output Economic Model and Ecological Footprint Analysis. *Ecological Indicators* 53, 78–94.

Shan, Y., Guan, D., Zheng, H., Ou, J., Li, Y., Meng, J., Mi, Z., Liu, Z., Zhang, Q., 2018. China CO_2 Emission Accounts 1997–2015. *Scientific Data* 5 （1）, 1–14.

Shan, Y., Liu, J., Liu, Z., Xu, X., Shao, S., Wang, P., Guan, D., 2016. New Provincial CO_2 Emission Inventories in China based on Apparent Nnergy Consumption Data and Updated Emission Factors. *Applied Energy* 184, 742–750.

Siriwardana, M., Nong, D., 2021. Nationally Determined Contributions （NDCs） to Decarbonise the World: A Transitional Impact Evaluation. *Energy Economics* 97, 105184.

Steckel, J. C., Jakob, M., Flachsland, C., Kornek, U.,

Lessmann, K. , Edenhofer, O. , 2017. From Climate Finance toward Sustainable Development Finance. *WIREs Climate Change* 8 (1), e437.

Steininger, K. , Lininger, C. , Droege, S. , Roser, D. , Tomlinson, L. , Meyer, L. , 2014. Justice and Cost Effectiveness of Consumption-based versus Production-based Approaches in the Case of Unilateral Climate Policies. *Global Environmental Change* 24, 75-87.

Steininger, K. W. , Lininger, C. , Meyer, L. H. , Muñoz, P. , Schinko, T. , 2016. Multiple Carbon Accounting to Support Just and Effective Climate Policies. *Nature Climate Change* 6 (1), 35-41.

Stern, N. , 2007. The Economics of Climate Change: the Stern Review. Cambridge University Press.

Tol, R. S. J. , 1999. Kyoto, Efficiency, and Cost-Effectiveness: Applications of FUND. *Energy Journal* (Special I), 131-156.

Tol, R. S. J. , 2001. Equitable Cost-benefit Analysis of Climate Change Policies. *Ecological Economics* 36 (1), 71-85.

Ulph, A. , 2004. Stable International Environmental Agreements with A Stock Pollutant, Uncertainty and Learning. *Journal of Risk and Uncertainty* 29 (1), 53-73.

United Nations, 2019. World Population Prospects 2019. https://population. un. org/wpp/Download/Standard/Population/.

Vaidyanathan, G. , 2021. Integrated Assessment Climate Policy Models have Proven Useful, with Caveats. *Proceedings of the National Academy of Sciences* 118 (9).

Van Eck, N. J. , Waltman, L. , 2010. Software Survey: A Computer Program for Bibliometric Mapping. *Scientometrics* 84 (2), 523-538.

Van Sluisveld, M. A. , Harmsen, J. , Bauer, N. , McCollum, D. L. , Riahi, K. , Tavoni, M. , van Vuuren, D. P. , Wilson, C. , van der

Zwaan, B., 2015. Comparing Future Patterns of Energy System Change in 2° C Scenarios with Historically Observed Rates of Change. *Global Environmental Change* 35, 436-449.

Victor, D. G., 2011. Global Warming Gridlock: Creating more Effective Strategies for Protecting the Planet. Cambridge University Press.

Vishwanathan, S. S., Garg, A., 2020. Energy System Transformation to Meet NDC, 2℃, and well Below 2℃ Targets for India. *Climatic Change*, 1-15.

Wang, Q., Hubacek, K., Feng, K., Wei, Y. -M., Liang, Q. -M., 2016. Distributional Effects of Carbon Taxation. *Applied Energy* 184, 1123-1131.

Wang, T., Teng, F., Zhang, X., 2020. Assessing Global and National Economic Losses From Climate Change: A Study based on CGEM-IAM in China. *Climate Change Economics* 11 (3), 2041003.

Wang, X., Li, J. F., Zhang, Y. X., 2011. An Analysis on the Short-term Sectoral Competitiveness Impact of Carbon Tax in China. *Energy Policy* 39 (7), 4144-4152.

Wang, Z., Li, Y., Cai, H., Yang, Y., Wang, B., 2019. Regional Difference and Drivers in China's Carbon Emissions Embodied in Internal Trade. *Energy Economics* 83, 217-228.

Wara, M., 2007. Is the Global Carbon Market Working? *Nature* 445 (7128), 595-596.

Weber, C. L., Peters, G. P., 2009. Climate Change Policy and International Trade: Policy Considerations in the US. *Energy Policy* 37 (2), 432-440.

Weber, R. H., 2015. Border Tax Adjustment - legal Perspective. *Climatic Change* 133 (3), 407-417.

Wei, Y. -M. , Han, R. , Liang, Q. -M. , Yu, B. -Y. , Yao, Y. -F. , Xue, M. -M. , Zhang, K. , Liu, L. -J. , Peng, J. , Yang, P. , 2018. An Integrated Assessment of INDCs under Shared Socioeconomic Pathways: An Implementation of C3IAM. *Natural Hazards* 92 (2), 585-618.

Wei, Y. -M. , Mi, Z. -F. , Huang, Z. , 2015. Climate Policy Modeling: An Online SCI-E and SSCI based Literature Review. *Omega* 57, 70-84.

Weitzel, M. , Hübler, M. , Peterson, S. , 2012. Fair, Optimal or Detrimental? Environmental vs. Strategic Use of Border Carbon Adjustment. *Energy Economics* 34, S198-S207.

Wiedmann, T. , 2009. A Review of Recent Multi-region Input-output Models Used for Consumption-based Emission and Resource Accounting. *Ecological Economics* 69 (2), 211-222.

Wiedmann, T. , Lenzen, M. , Turner, K. , Barrett, J. , 2007. Examining the Global Environmental Impact of Regional Consumption Activities—Part 2: Review of Input-output Models for the Assessment of Environmental Impacts Embodied in Trade. *Ecological Economics* 61 (1), 15-26.

Winchester, N. , 2018. Can Tariffs be Used to Enforce Paris Climate Commitments? *The World Economy* 41 (10), 2650-2668.

Winchester, N. , Paltsev, S. , Reilly, J. M. , 2011. Will Border Carbon Adjustments Work? *The BE Journal of Economic Analysis & Policy* 11 (1).

Wing, I. S. , 2008. The Synthesis of Bottom-up and Top-down Approaches to Climate Policy Modeling: Electric Power Technology Detail in A Social Accounting Framework. *Energy Economics* 30 (2), 547-573.

World Bank, 2019. GDP data [EB/OL]. https://data. worldbank.

org/indicator/NY. GDP. MKTP. PP. KD.

World Bank, 2020. Carbon Pricing Dashboard [EB/OL]. https://carbonpricingdashboard. worldbank. org/map_data.

Xie, R., Hu, G., Zhang, Y., Liu, Y., 2017. Provincial Transfers of Enabled Carbon Emissions in China: A Supply-side Perspective. *Energy Policy* 107, 688-697.

Yan, B., Duan, Y., Wang, S., 2020. China's Emissions Embodied in Exports: How Regional and Trade Heterogeneity Matter? *Energy Economics* 87, 104479.

Yang, Z., 2008. *Strategic Bargaining and Cooperation in Greenhouse Gas Mitigations: An Integrated Assessment Modeling Approach.* The MIT Press, MIT Press Books.

Yang, Z., 2016. Mitigation Cost and Climate Damage versus Incentive Shifts of Climate Coalition. *Climate Change Economics* 7 (4), 1650011.

Yang, Z., 2021. *The Environment and Externality: Theory, Algorithms and Applications.* Cambridge University Press, Cambridge Books.

Yang, Z., Sirianni, P., 2010. Balancing Contemporary Fairness and Historical Justice: A "Quasi-equitable" Proposal for GHG Mitigations. *Energy Economics* 32 (5), 1121-1130.

Yu, Y., Feng, K., Hubacek, K., 2013. Tele-connecting Local Consumption to Global Land Use. *Global Environmental Change* 23 (5), 1178-1186.

Zhang, C., Yan, J., 2015. CDM's Influence on Technology Transfers: A Study of the Implemented Clean Development Mechanism Projects in China. *Applied Energy* 158, 355-365.

Zhang, H., Liu, C., Wang, C., 2021. Extreme Climate Events and Economic Impacts in China: A CGE Analysis with A New Damage Function in IAM. *Technological Forecasting and Social Change* 169, 120765.

Zhang, K., Liang, Q. -M., Liu, L. -J., Xue, M. -M., Yu, B. -Y., Wang, C., Han, R., Du, Y. -F., Yao, Y. -F., Chang, J. -J., 2020. Impacts of Mechanisms to Promote Participation in Climate Mitigation: Border Carbon Adjustments versus Uniform Tariff Measures. *Climate Change Economics* 11 (3), 1-26.

Zhang, K., Wang, Q., Liang, Q. -M., Chen, H., 2016. A Bibliometric Analysis of Research on Carbon Tax from 1989 to 2014. *Renewable and Sustainable Energy Reviews* 58, 297-310.

Zhang, K., Xue, M. -M., Feng, K., Liang, Q. -M., 2019. The Economic Effects of Carbon Tax on China's Provinces. *Journal of Policy Modeling* 41 (4), 784-802.

Zhang, Z., Duan, Y., Zhang, W., 2019. Economic Gains and Environmental Costs from China's Exports: Regional Inequality and Trade Heterogeneity. *Ecological Economics* 164, 106340.

Zhao, Z. -J., Chen, X. -T., Liu, C. -Y., Yang, F., Tan, X., Zhao, Y., Huang, H., Wei, C., Shi, X. -L., Zhai, W., Guo, F., van Ruijven, B. J., 2020. Global Climate Damage in 2°C and 1.5°C Scenarios based on BCC_SESM Model in IAM Framework. *Advances in Climate Change Research* 11 (3), 261-272.

Zheng, J., Mi, Z., Coffman, D. M., Shan, Y., Guan, D., Wang, S., 2019. The Slowdown in China's Carbon Emissions Growth in the New Phase of Economic Development. *One Earth* 1 (2), 240-253.

Zhou, D., Zhou, X., Xu, Q., Wu, F., Wang, Q., Zha, D., 2018. Regional Embodied Carbon Emissions and Their Transfer Characteristics in China. *Structural Change and Economic Dynamics* 46, 180-193.

Zhou, S., Tong, Q., Pan, X., Cao, M., Wang, H., Gao, J., Ou, X., 2021. Research on Low-carbon Energy Transformation of China Necessary to Achieve the Paris Agreement Goals: A Global Perspective. *Energy Economics* 95, 105137.

方精云, 2015. 森林碳汇: 减排困局新解, 2015 年 7 月 27 日, http://news.sciencenet.cn/htmlnews/2015/7/323662.shtm。

国家统计局能源统计司编, 2019. 中国能源统计年鉴 2018. 中国统计出版社。

联合国, 2015. 巴黎协定, 2015 年 12 月 12 日。

潘文卿, 2015. 碳税对中国产业与地区竞争力的影响: 基于 CO_2 排放责任的视角. 数量经济技术经济研究 6。

王海林, 黄晓丹, 赵小凡, 何建坤, 2020. 全球气候治理若干关键问题及对策. 中国人口·资源与环境 30 (11)。

魏一鸣, 梁巧梅, 余碧莹, 廖华 等 著, 2023. 气候变化综合评估模型与应用. 科学出版社。

魏一鸣 等 著, 2023. 碳减排系统工程: 理论方法与实践. 科学出版社。

魏一鸣, 刘兰翠, 廖华 等 著, 2017. 中国碳排放与低碳发展. 科学出版社。

吴立新, 2021. 开发 "蓝色" 碳汇与能源 助力实现碳中和, 2021 年 3 月 11 日, http://news.sciencenet.cn/htmlnews/2021/3/454451.shtm。

张坤, 2016. 碳税政策的区域影响研究. 北京理工大学硕士学位论文。

张欣, 2018. 可计算一般均衡模型的基本原理与编程. 格致出版社, 上海人民出版社。

后 记

全球环境资源是公共物品，人人可以享用，无需付费，不挤占他人使用空间。由二氧化碳等温室气体排放引起的全球气候变化是负外部性的代表。一国或个人使用化石能源释放二氧化碳到大气中，改变大气中的温室气体浓度，引起全球温度升高，所有人都需承担气候变化的潜在不利影响。因此，应对气候变化需要全球合作，每一个国家、地区、个人都应该尽己所能降低二氧化碳排放，鼓励节能减排，倡导绿色低碳的生产和生活方式。全球各国合作是有效应对气候变化的前提条件和必经之路。为了实现《巴黎协定》提出的到 21 世纪末将全球平均气温升高幅度较工业化前期水平控制在 2℃ 以内，并力争控制在 1.5℃ 以内，需要各国之间进行广泛合作以提高减排的效率。这一方面要求近乎普遍的参与，另一方面要求协调一致的政策。虽然合作应对气候变化的重要性已毫无争议，但是真正付诸实践却历经波折。《联合国气候变化框架公约》缔约方大会自 1995 年起每年召开一次，至今已过去 28 年。发达国家和发展中国家的博弈仍在进行，全球具备法律意义的合作机制尚未达成，涉及国际碳市场和碳交易的条款悬而未决。

本书主要聚焦应对气候变化的合作机制建模及其应用，从全球各国间和中国省（区、市）间两个层面展开讨论。首先，评估如何有效促进全球气候合作，通过以美国为对象，评估边境碳调整和统一关税措施在提高非合作国参加全球减排合作联盟的经济、社会以及能源环境影响。其次，从建立全球统一碳市场的影响评估入手，分析逐步开展跨区域碳市场链接的成本有效性。这也是未来若干年全球气候谈判需要解决的重点和焦点问题。此外，上述研究主要聚焦气候变化的经济影响，而全球气候变化涉及经济系统和气候系统的双向影响。化石能源消费驱动经济社会发展，但其排放的二氧化碳引致全球变暖、海平面上升、极端天气事件频发，反作用于经济社会系统。为了将经济和气候同时纳入分析框架，2018 年诺贝尔经济学奖获得者、耶鲁大学教授威廉·诺德豪斯（William Nordhaus）开发了气候变化综合评估模型，分别构建全球气候经济动态综合模型（DICE）和区域气候和经济动态综合模型（RICE）。2018~2020 年，笔者在国家留学基金委、耶鲁气候变化研究项目（YCCRP）的支持下前往美国纽约州立大学宾汉姆顿分校开展访学交流。耶鲁气候变化研究项目是耶鲁大学诺德豪斯教授和北京理工大学魏一鸣教授联合成立的针对气候变化综合评估建模开展联合研究的国际交流合作项目。该项目在美国的直接负责人为诺德豪斯教授的学生、现任纽约州立大学宾汉姆顿分校经济系的杨自力教授。

　　针对 RICE 模型的扩展研究，经过与杨自力教授以及笔者的导师梁巧梅教授的多次讨论，我们认为 RICE 模型将二氧化碳排放与经济产出直接相关联从而简化了经济模块中关于能源要素的建模工作。由于碳排放的主要来源是化石能源消耗，实现碳中和的主要路径也是能源结构转型，促进非化石能源对煤炭、石油和天然气的替代，因此需要考虑产出—能源—排放的影响机制。此外，能源要素的缺失也使 RICE 模型无法提供详细的关于能源结构转型相关的结果。考虑到应对气候变化是一个长期过程，需要大量前期投资，尤其是建立以新能源为主体的新型能源系统更是需要高额资金和长期布局。因此，有必要根据不同情景下的能源需求进行能源投资规划，以避免不合理的投资导致的高碳锁定和资金搁浅。因此，本书将能源要素纳入 RICE 模型，并以中国为切入口，建立了 RICE-China 模型，旨在分析全球不同合作情景下实现温控目标约束对中国能源消费和经济的影响。其中一个结论是无论采取何种合作情景，实现深度减排都需要非化石能源大规模替代化石能源。《联合国气候变化框架公约》第二十八次缔约方大会（COP28）艰难达成了"阿联酋共识"，提出"转型脱离化石燃料"也为世界逐步退出化石能源提供了切入口，全球各国开始直面化石能源使用问题。这在联合国气候变化大会的历史上尚属首次，具有里程碑意义。

除了全球层面的综合分析，考虑到我国作为一个幅员辽阔的发展中国家，各省（区、市）在经济发展水平、产业结构、资源禀赋等方面存在明显差异。为了在有效实现减排目标的同时兼顾区域的均衡发展，有必要对各省（区、市）的排放责任分配进行审慎的确定，降低总体减排成本。因此，本书进一步探讨我国各区域间的减排合作问题。目前研究主要聚焦不同排放核算原则下我国各省（区、市）的碳排放责任分担，并结合国家区域发展战略，提出省（区、市）间灵活的合作机制选择。未来我们的研究将进一步聚焦各省（区、市）减排合作策略的影响分析，一方面是基于国家碳市场机制的分地区碳配额的交易合作，另一方面是探讨跨地区的可再生能源调度优化路径。在中国社会科学院学部委员、北京工业大学生态文明研究院院长潘家华教授的带领下，笔者目前聚焦能源与气候政策、生态文明新范式经济学的研究工作，更加注重理论研究和实践落地相结合，也跟随团队前往湖北、湖南、山东、安徽等地调研风电、光伏发电等可再生能源发展情况。当前我国可再生能源资源需求与供给分布存在空间逆向差异。西部地区可再生能源资源富足，距离东、中部地区电能负荷中心却有千里之遥，清洁电力供需区域不平衡。而跨区域可再生能源合作既是东、中部地区实现"双碳"目标的关键战略，也是西部地区将资源优势转化为经济优势的重大机遇。因此，在实现"双碳"目标的战略布局中，东、中、西部地区必须联手合作。这种合作既不是责任分担，也不是帮扶，而是互利共赢、协同联动、深入融合。如此一来，碳中和将成为东、中、西部地区协调发展的新机遇。西部地区利用自身的清洁能源优势承接东部地区高耗能产业的转移，不仅可以降低东部地区实现"双碳"目标的成本，还可以促进本地区优势产业建设，创造就业机会，拉动地区经济增长，实现互利互惠。

本书在写作过程中得到了众多领导专家、师生同仁和亲朋好友的指导和帮助。除了以上提及的师长和机构，还要感谢诸多良师益友，包括北京理工大学能源与环境政策研究中心的廖华教授、唐葆君教授、余碧莹教授、曲申教授等，中国社会科学院生态文明研究所的王谋研究员、李萌研究员、张莹副研究员等，中国社会科学院民族学与人类学研究所蒋尉研究员，北京工业大学经管学院的李国俊院长、刘会政教授、迟远英教授、陈梦玫老师，以及孙天弘、刘保留、黄玉洁、贾明杰等。感谢社会科学文献出版社郭峰老师的支持和帮助。本书目前仅在全球气候合作机制建模方法及其应用方面进行了一些粗浅分析，内容还需深化，方法、模型、数据、结论难免有误，加之笔者学术水平和能力有限，敬请读者批评指正。

最后，感谢我的家人，特别是我的妻子夏晓彤给予我无尽的支持和关怀，可以让我心无旁骛地做研究——无惧风雨，只因有你。感谢双方父母及兄弟对我的理解和支持，三十年艰苦求学之路，也因有你们的默默付出而充满温暖。感谢我的爷爷奶奶，这本书就是送给你们的一份礼物。也祝福此刻正在阅读这本书的读者，见字如面，幸甚相遇。人生有尽头，学术无止境。本书出版对于我而言，是学术万里长征的第一步。

路漫漫其修远兮，吾将上下而求索。

张 坤

2024 年 2 月

图书在版编目（CIP）数据

全球气候合作机制建模方法及其应用/张坤著 . ——
北京：社会科学文献出版社，2024.3
　　ISBN 978-7-5228-3379-8

　　Ⅰ.①全…　Ⅱ.①张…　Ⅲ.①气候变化-国际合作-
建立模型-研究　Ⅳ.①P467

　　中国国家版本馆 CIP 数据核字（2024）第 051439 号

全球气候合作机制建模方法及其应用

著　　者／张　坤

出 版 人／冀祥德
组稿编辑／任文武
责任编辑／柳　杨　郭　峰
责任印制／王京美

出　　版／社会科学文献出版社·城市和绿色发展分社（010）59367143
　　　　　地址：北京市北三环中路甲 29 号院华龙大厦　邮编：100029
　　　　　网址：www.ssap.com.cn
发　　行／社会科学文献出版社（010）59367028
印　　装／三河市龙林印务有限公司

规　　格／开　本：787mm×1092mm　1/16
　　　　　印　张：13.5　字　数：181 千字
版　　次／2024 年 3 月第 1 版　2024 年 3 月第 1 次印刷
书　　号／ISBN 978-7-5228-3379-8
定　　价／88.00 元

读者服务电话：4008918866